Harald Scheid

Abiturwissen Analysis

Ernst Klett Verlag

Herausgeber von Abiturwissen, Themenbereich Mathematik, ist Prof. Harald Scheid

CIP-Kurztitelaufnahme der Deutschen Bibliothek

Scheid, Harald:
Abiturwissen Analysis / Harald Scheid. –
3. Aufl. – Stuttgart: Klett, 1987.
ISBN 3-12-929502-X

ISBN 3-12-929502-X

3. Auflage 1987

Printed in Germany
Satz: Zechnersche Buchdruckerei, Speyer
Grafiken: I. Kohler
Druck: W. Röck, Weinsberg
Einbandgestaltung: Zembsch' Werkstatt, München

Inhalt

Im **Hauptteil** (S. 6–87) wird eine systematische Darstellung der Analysis gegeben, soweit sie Gegenstand des Unterrichts der Kollegstufe ist. Im **Glossar** findet man Ergänzungen, weiterführende Erläuterungen und begriffliche Vertiefungen. Der **Index** stellt in gewisser Weise den Schlüssel zur Benutzung des Buches dar: Sucht man Informationen über einen Begriff, so verweist der Index auf diejenige Stelle im Hauptteil oder im Glossar, wo dieser Begriff behandelt wird. Durch **Fettdruck** wird auf das entsprechende Stichwort im Glossar hingewiesen.

Symbolverzeichnis

$:=$	definitionsgemäß gleich
$\approx$	näherungsweise gleich
$\Rightarrow$	Implikation, wenn ..., dann
$\Leftrightarrow$	Äquivalenz, genau dann ..., wenn ...
$:\Leftrightarrow$	definitionsgemäß äquivalent
$x \in M$	x ist Element der Menge M
$x \notin M$	x ist nicht Element von M
$\emptyset$	leere Menge
$\{x \in M \mid A(x)\}$	Lösungsmenge der Aussageform A(x) über M
$A \subseteq B$	A ist Teilmenge von B
$A \subset B$	A ist echte Teilmenge von B
$A \cup B$	Vereinigungsmenge der Mengen A und B
$A \cap B$	Schnittmenge von A und B
$A \setminus B$	Differenzmenge A ohne B
$\lvert a \rvert$	Betrag der Zahl a
$[a]$	größte ganze Zahl $\leq a$
$n!$	n Fakultät
$\binom{n}{k}$	Binomialkoeffizient n über k
$\sum$	Summenzeichen

$\sum_{i=1}^{n} a_i$	$a_1 + a_2 + \ldots + a_n$
$\sum_{i=1}^{\infty} a_i$	Reihe
$\mathbb{N}$	Menge der natürlichen Zahlen
$\mathbb{N}_0$	$\mathbb{N} \cup \{0\}$
$\mathbb{Z}$	Menge der ganzen Zahlen
$\mathbb{Q}$	Menge der rationalen Zahlen
$\mathbb{R}$	Menge der reellen Zahlen
$\mathbb{R}^+$	Menge der positiven reellen Zahlen
$\mathbb{R}_0^+$	$\mathbb{R}^+ \cup \{0\}$
$\mathbb{C}$	Menge der komplexen Zahlen
e	Eulersche Zahl
π	Kreiszahl
i	imaginäre Einheit
$a + b i$	komplexe Zahl
$(a\vert b)$	Punkt
$[a; b]$	abgeschlossenes Intervall
$[a; b[$, $]a; b]$	halboffene Intervalle
$]a; b[$	offenes Intervall
$U(x)$	Umgebung von x
$U_\varepsilon(x)$	ε-Umgebung von x
$\langle a_n \rangle$	Folge
$\sum\langle a_n \rangle$	Summenfolge von $\langle a_n \rangle$
$\lim\limits_{n \to \infty} a_n$	Grenzwert von $\langle a_n \rangle$
$f: A \to B$	Abbildung (Funktion) von A in B
$f: a \mapsto b$	f ordnet dem Element a das Element b zu
D_f	Definitionsmenge von f
W_f	Wertemenge von f
f^{-1}	Umkehrfunktion von f
$\frac{1}{f}$	Kehrfunktion von f
$f \circ g$	f verkettet mit g, f nach g
$\inf M$	Infimum der Zahlenmenge M
$\sup M$	Supremum von M
$\inf\limits_{[a; b]} f(x)$	Infimum von f auf [a; b]
$\sup\limits_{[a; b]} f(x)$	Supremum von f auf [a; b]
$\lim\limits_{x \to x_0} f(x)$	Grenzwert von f an der Stelle x_0
$\lim\limits_{x \to x_0^-} f(x)$	linksseitiger Grenzwert
$\lim\limits_{x \to x_0^+} f(x)$	rechtsseitiger Grenzwert
f'	erste Ableitung von f
f''	zweite Ableitung von f
$f^{(n)}$	n-te Ableitung von f
$\int_a^b f(x)\,dx$	Integral von f über [a; b]
$\int f(x)\,dx$, $\int f$	unbestimmtes Integral von f, Menge aller Stammfunktionen von f

spezielle Funktionen

id	identische Funktion
sgn	Signumfunktion
p_α	Potenzfunktion zum Exponent α
$\exp_q$	Exponentialfunktion zur Basis q
exp	natürliche Exponentialfunktion
$\log_q$	Logarithmusfunktion zur Basis q
ln	natürliche Logarithmusfunktion
lg	Logarithmusfunktion zur Basis 10
ld	Logarithmusfunktion zur Basis 2
sin	Sinusfunktion
cos	Kosinusfunktion
tan	Tangensfunktion
cot	Kotangensfunktion
arcsin	$\sin^{-1}$
arccos	$\cos^{-1}$
arctan	$\tan^{-1}$
arccot	$\cot^{-1}$
sinh	Hyperbelsinusfunktion
cosh	Hyperbelkosinusfunktion
tanh	Hyperbeltangensfunktion
coth	Hyperbelkotangensfunktion

1 Reelle Zahlen

1.1 Zahlen und Zahlenpaare

Grundlage der Analysis sind die **reellen Zahlen.** Diese umfassen die **rationalen Zahlen** und sind ihrerseits in der Menge der **komplexen Zahlen** enthalten. Wenn man in der Analysis von einer „Zahl" spricht, meint man immer eine reelle Zahl; andernfalls muß man ausdrücklich sagen, ob man eine rationale, ganze oder sogar natürliche Zahl meint. Zur Bezeichnung der verschiedenen Arten von Zahlen benutzt man die folgenden Symbole:

$\mathbb{N} \subset \mathbb{Z} \subset \mathbb{Q} \subset \mathbb{R}$

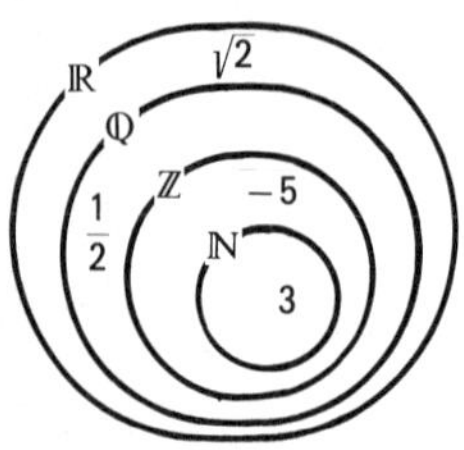

1

$\mathbb{N} = \{1, 2, 3, \ldots\}$
Menge der *natürlichen Zahlen*

$\mathbb{Z} = \{\ldots, -3, -2, -1, 0, +1, +2, +3, \ldots\}$
Menge der *ganzen Zahlen*

$\mathbb{Q}$ Menge der **rationalen Zahlen** (positive und negative Bruchzahlen)

$\mathbb{R}$ Menge der **reellen Zahlen**

Ferner sind noch folgende Bezeichnungen gebräuchlich:

$\mathbb{N}_0 = \mathbb{N} \cup \{0\}$;

$\mathbb{Q}^+$ Menge der *positiven* rationalen Zahlen;

$\mathbb{Q}_0^+ = \mathbb{Q}^+ \cup \{0\}$;

$\mathbb{R}^+$ Menge der *positiven* reellen Zahlen;

$\mathbb{R}_0^+ = \mathbb{R}^+ \cup \{0\}$.

Eine rationale Zahl ist ein Quotient zweier ganzer Zahlen, wobei der Nenner von 0 verschieden ist; ihre **Dezimalbruchentwicklung** ist abbrechend oder periodisch. Eine reelle Zahl, die nicht rational ist, heißt **irrationale Zahl.** Beispiele für irrationale Zahlen sind $\sqrt{2}$, $\sqrt[3]{17}$, lg 7, π **(Kreiszahl)**, e **(Eulersche Zahl).**
Für $a, b \in \mathbb{R}$ mit $a < b$ bilden die Zahlen zwischen a und b ein *Intervall.*

Man nennt

$[a; b] := \{x \in \mathbb{R} \mid a \leq x \leq b\}$ *abgeschlossenes,*

$[a; b[:= \{x \in \mathbb{R} \mid a \leq x < b\}$ *halboffenes,*

$]a; b] := \{x \in \mathbb{R} \mid a < x \leq b\}$ *halboffenes,*

$]a; b[:= \{x \in \mathbb{R} \mid a < x < b\}$ *offenes*

Intervall.

Die Mengen

$$[a; \infty[:= \{x \in \mathbb{R} \mid x \geq a\}$$

und

$$]-\infty; a] := \{x \in \mathbb{R} \mid x \leq a\}$$

nennt man ebenfalls Intervalle (unbeschränkte Intervalle) oder *Halbgeraden.*

Mit $|x|$ bezeichnet man die positive der beiden Zahlen x und $-x$ und nennt $|x|$ den **Betrag** von x; dabei ist $|0| = 0$. Die Ungleichung $|x| \leq 3$ beschreibt das Intervall $[-3; 3]$, denn genau die Zahlen aus diesem Intervall genügen der Ungleichung. Die Ungleichung $|x-a| \leq r$ mit $r > 0$ bedeutet dasselbe wie $-r \leq x-a \leq r$, sie stellt also das Intervall $[a-r; a+r]$ dar (Abb. 2).

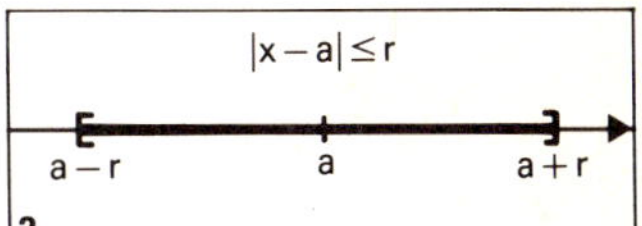

2

Zahlenpaare veranschaulicht man im **Koordinatensystem** durch Punkte (Abb. 3). Dem Zahlenpaar (a|b) entspricht der Punkt mit der x-Koordinate a und der y-Koordinate b. Die Menge aller Zahlenpaare (x|y), die der Gleichung

$$x^2 + y^2 = r^2$$

genügen, bildet einen Kreis um den Ursprung $O = (0|0)$ mit dem Radius r (Abb. 4).

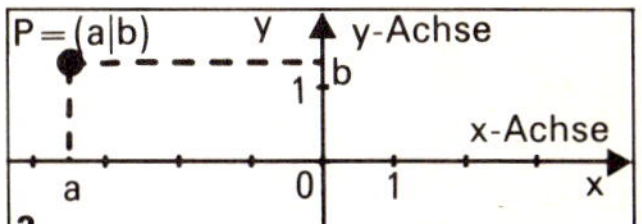

3

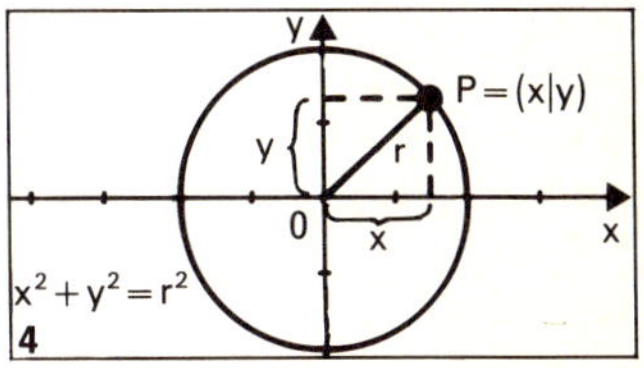

4

Ist M eine Menge von Zahlenpaaren, dann nennt man ihre graphische Darstellung im Koordinatensystem den *Graph* von M. Der Graph der Paarmenge

$$\{(x|y) \mid y > x^2 \text{ und } y < x + 2\}$$

ist die in Abb. 5 grau gefärbte Fläche.

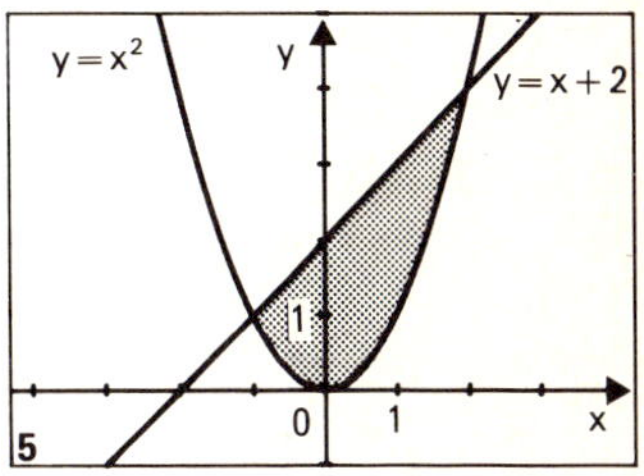

5

1.2 Intervallschachtelungen

Eine Folge von abgeschlossenen Intervallen

$$[a_1; b_1], [a_2; b_2], [a_3; b_3], \ldots$$

mit

$$[a_{n+1}; b_{n+1}] \subseteq [a_n; b_n] \quad \text{für alle } n \in \mathbb{N}$$

heißt eine *Intervallschachtelung,* wenn die Intervallängen $b_n - a_n$ mit wachsendem n unter jede (noch so kleine) Schranke sinken (Abb. 6). Es gilt dann für alle $n \in \mathbb{N}$

$$a_1 \leq a_2 \leq \ldots \leq a_n < b_n \leq \ldots \leq b_2 \leq b_1,$$

und die Folge $\langle b_n - a_n \rangle$ ist eine Nullfolge (vgl. 2.3). Jede Intervallschachtelung in der Menge $\mathbb{R}$ der **reellen Zahlen** besitzt einen *Kern* $c \in \mathbb{R}$; dies bedeutet, daß genau eine reelle Zahl c existiert mit

$$a_n \leq c \leq b_n \quad \text{für alle } n \in \mathbb{N}$$

(Intervallschachtelungsaxiom). Für **rationale Zahlen** ist dies nicht der Fall, d. h. es gibt Intervallschachtelungen mit rationalen Intervallenden, die keinen *rationalen* Kern besitzen.

Beispiel: Es sei

a_n die größte positive Dezimalzahl mit genau n Stellen, für die $a_n^2 \leq 2$ gilt;

b_n die kleinste positive Dezimalzahl mit genau n Stellen, für die $b_n^2 \geq 2$ gilt.

Dann bilden die Intervalle $[a_n; b_n]$ eine Intervallschachtelung in $\mathbb{Q}$. Ihr Anfang ist in Abb. 7 dargestellt. Sie hat keinen rationalen Kern c, denn für ihn müßte $c^2 = 2$, also $c = \sqrt{2}$ gelten ($\sqrt{2}$ ist jedoch keine rationale Zahl).
Der wesentliche Unterschied zwischen den reellen und den rationalen Zahlen besteht darin, daß in der Menge der reellen Zahlen jede Intervallschachtelung einen Kern besitzt. Durch eine Intervallschachtelung ist (als ihr Kern) stets eine reelle Zahl definiert. Umgekehrt läßt sich jede reelle Zahl als Kern einer Intervallschachtelung angeben (Abb. 8, Abb. 9).

Die Intervallschachtelung $[a_1; b_1], [a_2; b_2], [a_3; b_3], \ldots$ schreiben wir mit Hilfe des Folgensymbols $\langle\,\rangle$ (vgl. 2.1) in der Form $\langle [a_n; b_n] \rangle$.

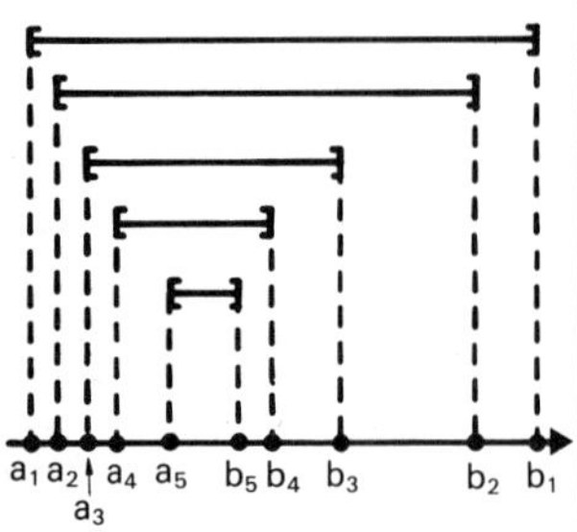

6

$[1{,}4\,;\,1{,}5]$
$[1{,}41\,;\,1{,}42]$
$[1{,}414\,;\,1{,}415]$
$[1{,}4142\,;\,1{,}4143]$
$[1{,}41421\,;\,1{,}41422]$

7

$[2\,;\,3]$
$[2{,}6\,;\,2{,}7]$
$[2{,}64\,;\,2{,}65]$
$[2{,}645\,;\,2{,}646]$
$[2{,}6457\,;\,2{,}6458]$
$[2{,}64575\,;\,2{,}64576]$
$\vdots$
$\sqrt{7}$

8

$[0\,;\,1]$
$[0{,}6\,;\,0{,}7]$
$[0{,}66\,;\,0{,}67]$
$[0{,}666\,;\,0{,}667]$
$[0{,}6666\,;\,0{,}6667]$
$[0{,}66666\,;\,0{,}66667]$
$\vdots$
$\frac{2}{3}$

9

Verknüpfungen reeller Zahlen kann man mit Hilfe der sie definierenden Intervallschachtelungen erklären: Ist a der Kern von $\langle[a_n; b_n]\rangle$ und b der Kern von $\langle[c_n; d_n]\rangle$, dann ist $a+b$ der Kern von $\langle[a_n+c_n; b_n+d_n]\rangle$. Sind überdies die Zahlen in den Intervallen positiv, dann definiert $\langle[a_n c_n; b_n d_n]\rangle$ die reelle Zahl $a \cdot b$ und $\langle[a_n^{c_n}; b_n^{d_n}]\rangle$ die reelle Zahl a^b. In Abb. 10 ist das Rechnen mit Intervallschachtelungen verdeutlicht.

$\sqrt{2}$	$\sqrt{3}$
$[1;2]$	$[1;2]$
$[1{,}4;1{,}5]$	$[1{,}7;1{,}8]$
$[1{,}41;1{,}42]$	$[1{,}73;1{,}74]$
$[1{,}414;1{,}415]$	$[1{,}732;1{,}733]$
$\vdots$	$\vdots$

$$\begin{array}{c} \sqrt{2}+\sqrt{3} \\ [2;4] \\ [3{,}1;3{,}3] \\ [3{,}14;3{,}16] \\ [3{,}146;3{,}148] \\ \vdots \end{array}$$

$$\begin{array}{ccc} [3^1;3^2] & = & [3;9] \\ [3^{1,4};3^{1,5}] & \subseteq & [4{,}6;5{,}2] \\ [3^{1,41};3^{1,42}] & \subseteq & [4{,}70;4{,}76] \\ [3^{1,414};3^{1,415}] & \subseteq & [4{,}727;4{,}733] \\ \downarrow & & \downarrow \\ 3^{\sqrt{2}} & = & 4{,}728804\ldots \end{array}$$

10

1.3 Eigenschaften der reellen Zahlen

Mit reellen Zahlen kann man wie mit rationalen Zahlen rechnen. Sie lassen sich auch wie die rationalen Zahlen der Größe nach anordnen:

$(\mathbb{R}; +; \cdot)$ ist ein **Körper,** d. h. für je zwei Elemente $a, b \in \mathbb{R}$ ist auch $a+b \in \mathbb{R}$ und $a \cdot b \in \mathbb{R}$ und es gilt für alle $a, b, c \in \mathbb{R}$:

$$a+b=b+a \qquad a \cdot b=b \cdot a$$

$$a+(b+c)=(a+b)+c \qquad a \cdot (b \cdot c)=(a \cdot b) \cdot c$$

$$a+0=a \qquad a \cdot 1=a$$

$$a+(-a)=0 \qquad a \cdot \frac{1}{a}=1 \quad (a \neq 0)$$

$$a \cdot (b+c)=a \cdot b+a \cdot c$$

Für alle $a, b \in \mathbb{R}$ gilt genau eine der Beziehungen $a<b$, $a=b$, $b<a$. Ferner gilt

$a<b$ und $b<c \Rightarrow a<c$;

$a<b \Rightarrow a+c<b+c$ für alle $c \in \mathbb{R}$
(Monotoniegesetz der Addition);

$a<b \Rightarrow a \cdot c<b \cdot c$ für alle $c>0$
(Monotoniegesetz der Multiplikation);

$0<a<b \Rightarrow$ es gibt ein $n \in \mathbb{N}$ mit $n \cdot a>b$
(*archimedische Eigenschaft* der Anordnung).

Die reellen Zahlen unterscheiden sich aber auch in manchem von den rationalen Zahlen:
Jedem Punkt der Zahlengeraden läßt sich eine reelle Zahl zuordnen, aber nicht immer eine rationale Zahl (Abb. 11).

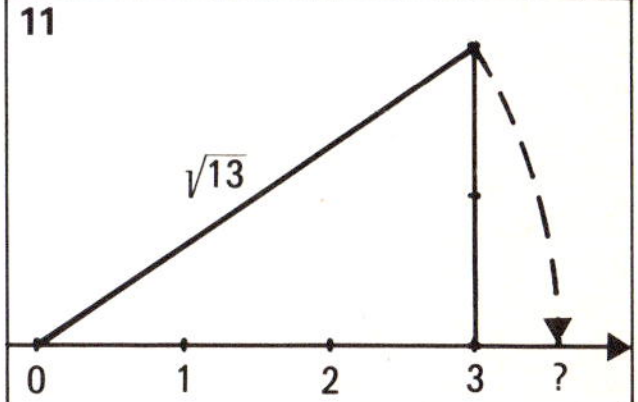

11

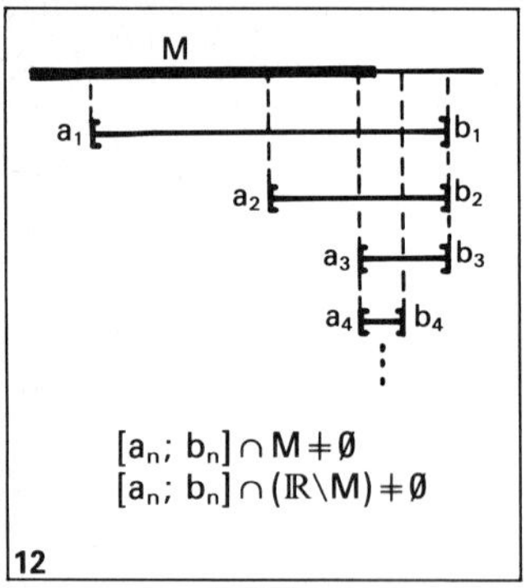

12

Der angeordnete Körper der reellen Zahlen ist **vollständig**, d.h. jede Intervallschachtelung in $\mathbb{R}$ besitzt einen Kern in $\mathbb{R}$ (vgl. 1.2).
Zu einer nach oben **beschränkten** Teilmenge von $\mathbb{Q}$ existiert nicht stets eine kleinste obere Schranke in $\mathbb{Q}$. Beispielsweise besitzt die Menge

$$\{x \in \mathbb{Q} \mid x^2 \leq 2\}$$

keine kleinste obere Schranke in $\mathbb{Q}$, weil $\sqrt{2}$ nicht zu $\mathbb{Q}$ gehört. Dagegen besitzt jede nach oben beschränkte Teilmenge von $\mathbb{R}$ eine solche kleinste obere Schranke in $\mathbb{R}$. Diese heißt **Supremum** von M und wird mit sup M bezeichnet. Die Existenz des Supremums einer nach oben beschränkten Teilmenge von $\mathbb{R}$ läßt sich mit einer Intervallschachtelung **(Halbierungsverfahren)** beweisen; dies ist in Abb. 12 angedeutet.

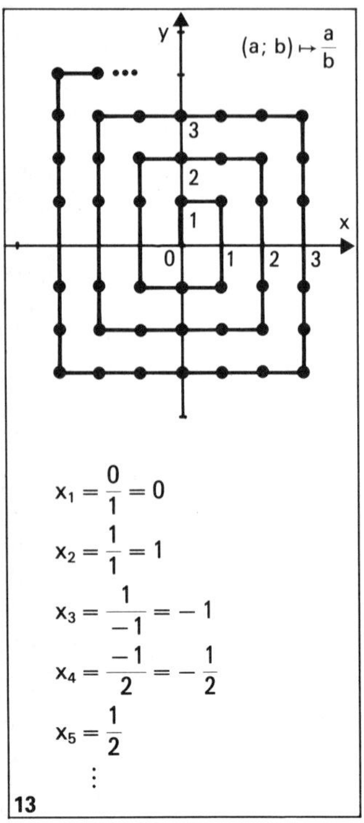

13

Die rationalen Zahlen kann man *numerieren,* d.h. es gibt eine eineindeutige (bijektive) **Abbildung** von $\mathbb{N}$ in $\mathbb{Q}$. Eine solche Abbildung erhält man aus einer Numerierung der Gitterpunkte im Koordinatensystem, indem man von allen Paaren (a|b) mit $b \neq 0$, welche die gleiche rationale Zahl $\frac{a}{b}$ darstellen, nur eines berücksichtigt (Abb. 13). Man sagt, die rationalen Zahlen seien **abzählbar.** Dagegen sind die reellen Zahlen *überabzählbar,* d.h. es gibt keine **bijektive Abbildung** von $\mathbb{N}$ in $\mathbb{R}$.

2 Folgen

2.1 Zahlenfolgen und ihre Eigenschaften

Eine **Abbildung** der Menge $\mathbb{N}$ der natürlichen Zahlen in eine Menge M nennt man eine *Folge* von Elementen aus M (Zahlenfolge, Punktfolge, Intervallfolge, ...). Wir betrachten hier nur *Zahlenfolgen* (also $M = \mathbb{R}$). Die der natürlichen Zahl n (Nummer n) zugeordnete Zahl sei a_n. Dann liegt die Folge

$$a_1, a_2, a_3, \ldots$$

vor; dafür schreiben wir zur Abkürzung $\langle a_n \rangle$.
Den Anfang einer Zahlenfolge kann man auf der Zahlengeraden oder in einem Koordinatensystem darstellen (Abb. 14). Dabei muß man den Maßstab auf der $\mathbb{R}$-Achse geeignet festlegen (Abb. 15 und 16).

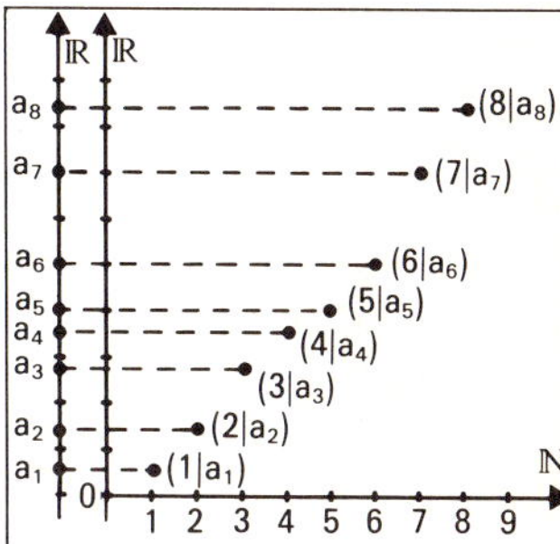

14

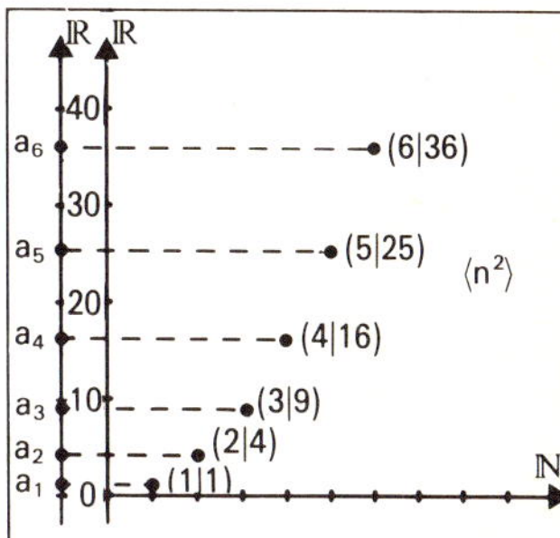

15

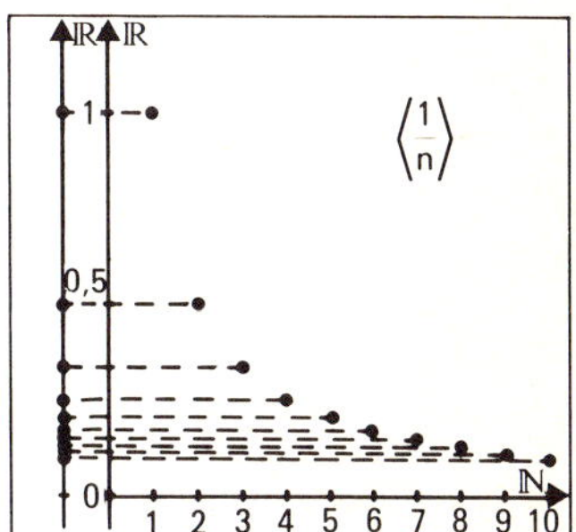

16

Beispiel 1: $\langle n^2 \rangle$ ist die Folge der Quadratzahlen, also

$$1, 4, 9, 16, \ldots.$$

Beispiel 2: $\left\langle \frac{1}{n} \right\rangle$ ist die Folge der Stammbrüche, also

$$1, \frac{1}{2}, \frac{1}{3}, \frac{1}{4}, \ldots.$$

Beispiel 3: $\langle a + (n-1)d \rangle$ ist eine **arithmetische Folge** mit dem Anfangsglied a und der Differenz d, also

$$a, a+d, a+2d, a+3d, \ldots.$$

Beispiel 4: $\langle a \cdot q^{n-1} \rangle$ ist eine **geometrische Folge** mit dem Anfangsglied a und dem Quotient q, also

$$a, aq, aq^2, aq^3, \ldots.$$

Folgen können auf verschiedene Arten definiert werden:

a) Der einfachste Fall liegt vor, wenn die Folge durch einen expliziten **Term** („Bildungsgesetz") gegeben wird, wie in obigen Beispielen 1 bis 4.

b) Bei einer rekursiven Bildungsvorschrift kann ein Glied der Folge erst berechnet werden, wenn die vorhergehenden Glieder schon bekannt sind. Man spricht hier von **rekursiven Folgen,** wie sie z. B. bei **Iterationsverfahren** auftreten.

Beispiel 5: Es sei $a_1 := 1$ und

$$a_{n+1} := \sqrt{a_n + 7} \quad \text{für alle } n \in \mathbb{N}.$$

Die Elemente dieser Folge gewinnt man leicht mit dem Taschenrechner (Tastenfolge [7] [+] [√] oder [+] [7] [=] [√]). Der Anfang dieser Folge ist in Abb. 17 angegeben.

Beispiel 6: Es sei $f_1 = f_2 := 1$ und

$$f_{n+2} := f_{n+1} + f_n \quad \text{für alle } n \in \mathbb{N}.$$

Der Anfang der Folge $\langle f_n \rangle$ ist in Abb. 18 angegeben. Dies ist die Folge der *Fibonacci-Zahlen* (nach Leonardo di Pisa, gen. Fibonacci, 1170 bis 1240).

c) Aus gegebenen Folgen kann man durch *Addition* und *Multiplikation* neue Folgen gewinnen:

$$\langle a_n \rangle + \langle b_n \rangle := \langle a_n + b_n \rangle,$$

$$\langle a_n \rangle \cdot \langle b_n \rangle := \langle a_n \cdot b_n \rangle.$$

d) Zu einer Folge $\langle a_n \rangle$ definiert man die *Summenfolge* $\langle s_n \rangle$ durch

$$s_n := a_1 + a_2 + \ldots + a_n;$$

meist schreibt man dafür $\sum \langle a_n \rangle$, denn

$$s_n = \sum_{k=1}^{n} a_k.$$

Das Symbol $\sum$ heißt **Summenzeichen.** Folgen dieser Gestalt nennt man auch **Reihen.** Ist $\langle a_n \rangle$ eine arithmetische bzw. geometrische Folge, dann heißt die zugehörige Summenfolge *arithmetische* bzw. *geometrische Reihe.*

Die Summenformel für die arithmetische Reihe führt man auf die Formel

$$1 + 2 + 3 + \ldots + (n-1) = \frac{(n-1)n}{2}$$

zurück (Abb. 19). Vgl. hierzu auch Abb. 20. Die Summenformel für die geometrische Reihe beweist man durch Ausmultiplizieren des Produktes

$$(1 + q + q^2 + \ldots + q^{n-1}) \cdot (1 - q).$$

n	a_n
1	1
2	2,828427
3	3,135032
4	3,183557
5	3,191169
6	3,192361
7	3,192548
8	3,192577
9	3,192582
⋮	⋮

17

n	f_n
1	1
2	1
3	2
4	3
5	5
6	8
7	13
8	21
9	34
10	55
11	89
⋮	⋮

18

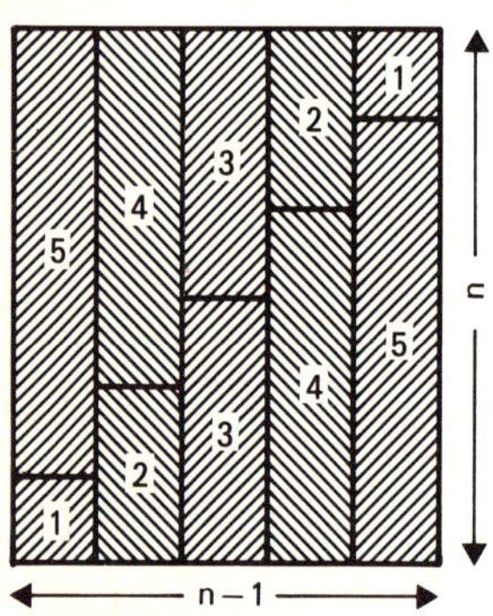

$$2 \cdot (1 + 2 + \ldots + (n-1)) = (n-1) \cdot n$$

19

Summenformel für die arithmetische Reihe:

$$a+(a+d)+(a+2d)+\ldots+(a+(n-1)d)$$
$$=\sum_{k=1}^{n}(a+(k-1)d)=na+\frac{(n-1)n}{2}\cdot d.$$

Summenformel für die geometrische Reihe:

$$a+aq+aq^2+\ldots+aq^{n-1}$$
$$=\sum_{k=1}^{n}aq^{k-1}=a\cdot\frac{q^n-1}{q-1},$$

falls $q \neq 1$.

Arithmetische Reihe

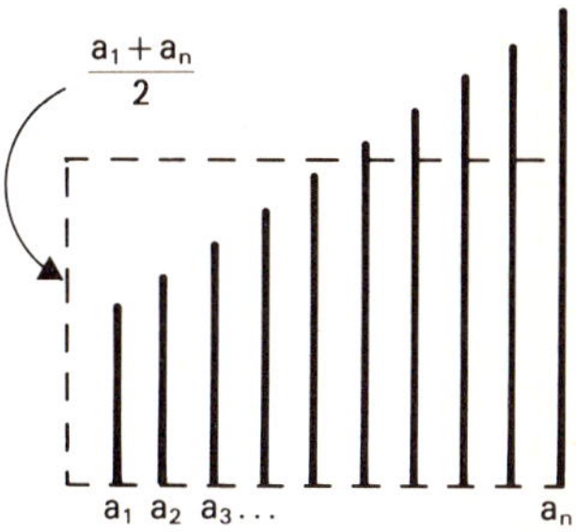

$$a_1+a_2+a_3+\ldots+a_n$$
$$=n\cdot\frac{a_1+a_n}{2}$$

20

Eine Folge $\langle a_n \rangle$ heißt *nach oben beschränkt,* wenn eine Zahl S existiert, so daß

$$a_n \leq S \quad \text{für alle } n \in \mathbb{N}.$$

S heißt dann eine *obere Schranke* der Folge. Entsprechend heißt $\langle a_n \rangle$ *nach unten beschränkt,* wenn eine Zahl T existiert, so daß

$$T \leq a_n \quad \text{für alle } n \in \mathbb{N}.$$

T heißt dann eine *untere Schranke* der Folge. Ist $\langle a_n \rangle$ nach oben und nach unten beschränkt, dann heißt diese Folge **beschränkt.** In diesem Fall existiert eine positive Zahl M mit

$$|a_n| \leq M \quad \text{für alle } n \in \mathbb{N};$$

die Glieder der Folge liegen dann also alle in dem Intervall $[-M; M]$ (vgl. Abb. 21). Die Summe und das Produkt beschränkter Folgen sind wieder beschränkt.

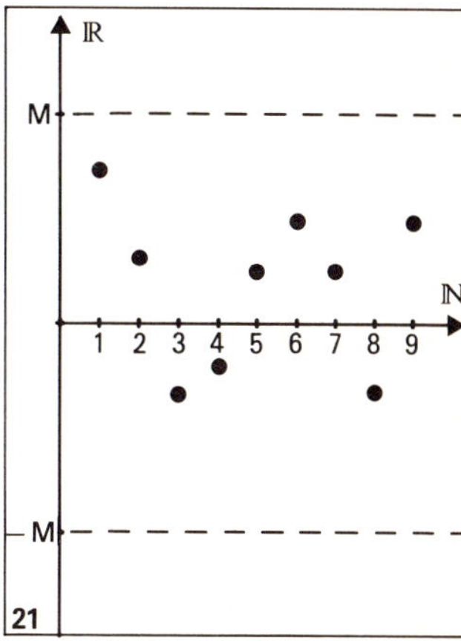

21

Beispiel 7: Die Folge $\left\langle 1+\frac{1}{n}\right\rangle$ ist beschränkt, denn für alle $n \in \mathbb{N}$ gilt

$$1 < 1+\frac{1}{n} \leq 2.$$

Beispiel 8: Die Folge $\sum\left\langle\frac{1}{n}\right\rangle$ ist nicht nach oben beschränkt. Dies erkennt man folgendermaßen: Definiert man die Zahlen $\sigma_0, \sigma_1, \sigma_2, \ldots$ wie in Abb. 22, dann ist

$$\sum_{n=1}^{2^m}\frac{1}{n}=\sigma_0+\sigma_1+\sigma_2+\ldots+\sigma_m$$
$$\geq 1+\frac{1}{2}+\frac{1}{2}+\ldots+\frac{1}{2}>\frac{m}{2}.$$

$$\sigma_0 := 1$$
$$\sigma_1 := \frac{1}{2}$$
$$\sigma_2 := \frac{1}{3}+\frac{1}{4}$$
$$\sigma_3 := \frac{1}{5}+\frac{1}{6}+\frac{1}{7}+\frac{1}{8}$$
$$\sigma_4 := \frac{1}{9}+\frac{1}{10}+\ldots+\frac{1}{16}$$
$$\sigma_5 := \frac{1}{17}+\frac{1}{18}+\ldots+\frac{1}{32}$$
$$\ldots$$

22

Man nennt $\sum\left\langle\frac{1}{n}\right\rangle$ die *harmonische Reihe.*

Eine Folge $\langle a_n \rangle$ heißt *monoton wachsend,* wenn

$$a_n \leq a_{n+1}, \quad \text{also } a_{n+1} - a_n \geq 0$$
für alle $n \in \mathbb{N}$;

sie heißt *streng monoton wachsend,* wenn

$$a_n < a_{n+1}, \quad \text{also } a_{n+1} - a_n > 0$$
für alle $n \in \mathbb{N}$;

sie heißt *monoton fallend,* wenn

$$a_n \geq a_{n+1}, \quad \text{also } a_{n+1} - a_n \leq 0$$
für alle $n \in \mathbb{N}$;

sie heißt *streng monoton fallend,* wenn

$$a_n > a_{n+1}, \quad \text{also } a_{n+1} - a_n < 0$$
für alle $n \in \mathbb{N}$.

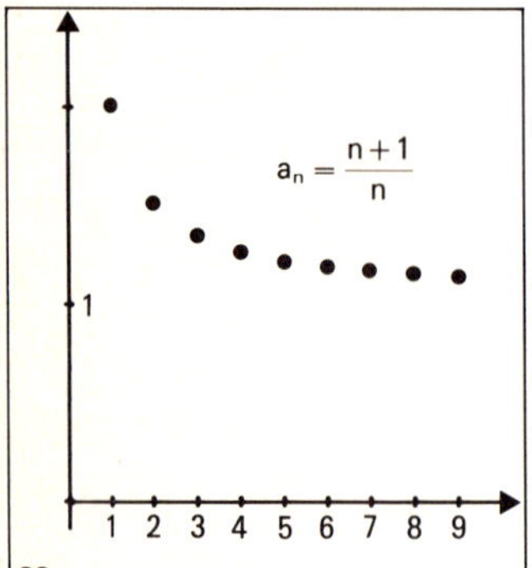

23

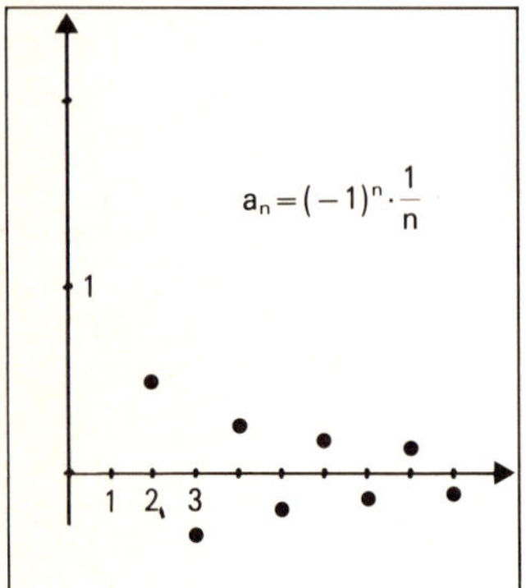

24

Beispiel 9: Die Folge $\left\langle\frac{n+1}{n}\right\rangle$ ist (streng) monoton fallend, denn

$$\frac{(n+1)+1}{n+1} - \frac{n+1}{n} = \frac{1}{n+1} - \frac{1}{n} = -\frac{1}{(n+1)n} < 0$$

(vgl. Abb. 23).

Beispiel 10: Die Folge $\left\langle(-1)^n \frac{1}{n}\right\rangle$ ist weder monoton wachsend noch monoton fallend (Abb. 24).
Beschränktheit und Monotonie von Folgen sind oft mit Hilfe des *Prinzips der vollständigen Induktion* (vgl. 2.2) zu beweisen, insbesondere, wenn es sich um **rekursive Folgen** handelt.

2.2 Das Prinzip der vollständigen Induktion

Das Prinzip der vollständigen Induktion ist ein Beweisverfahren, mit dem in vielen Fällen die Allgemeingültigkeit einer **Aussageform** $A(n)$ auf $\mathbb{N}$ bewiesen werden kann. Es lautet:

Ist A(1) wahr, und gilt für jedes $n \in \mathbb{N}$ die Implikation $A(n) \Rightarrow A(n+1)$, dann ist A(n) allgemeingültig auf $\mathbb{N}$.

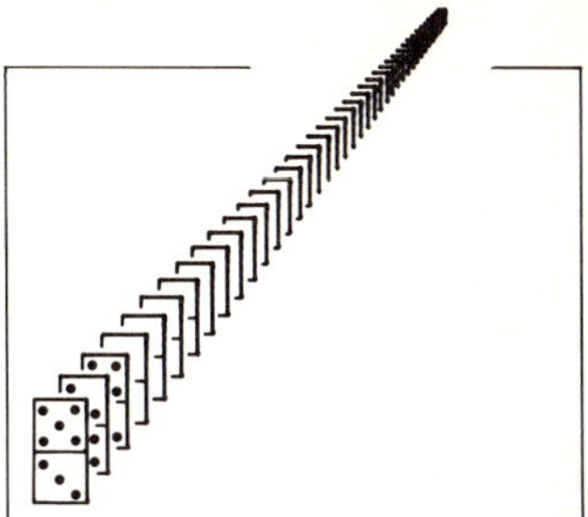

Wenn der erste Dominostein umfällt, und wenn mit dem n-ten Dominostein auch der (n+1)-te umfällt, dann fallen alle Dominosteine um.

25

Das Schema eines Beweises durch vollständige Induktion sieht folgendermaßen aus:

Satz: A(n) gilt für alle $n \in \mathbb{N}$.
Beweis durch vollständige Induktion:

Induktionsanfang:	A(1) ist wahr
Induktionsannahme:	A(n) ist wahr
Induktionsschritt	$\Downarrow$
Induktionsbehauptung:	A(n+1) ist wahr

Beispiel 1:
Satz: Es sei $a_1 := 1$ und $a_{n+1} := \sqrt{a_n + 5}$ für $n \in \mathbb{N}$. Dann gilt $a_n < 3$ für alle $n \in \mathbb{N}$.

Beweis durch vollständige Induktion:
Die zu untersuchende Aussageform A(n) lautet hier $a_n < 3$.

1) Offensichtlich gilt $a_1 < 3$, also ist A(1) wahr.

2) Gilt $a_n < 3$ für ein $n \in \mathbb{N}$, so ist

$$a_{n+1} = \sqrt{a_n + 5} < \sqrt{3+5} = \sqrt{8} < \sqrt{9} = 3.$$

Somit ist die Implikation $A(n) \Rightarrow A(n+1)$ wahr.

Mit 1) und 2) ist der Satz bewiesen.

Beispiel 2:
Satz: Die Folge $\langle a_n \rangle$ aus Beispiel 1 ist streng monoton wachsend.

Beweis: 1) Es gilt $1 = a_1 < a_2 = \sqrt{6}$.

2) Gilt $a_n < a_{n+1}$ für ein $n \in \mathbb{N}$, so ist

$$a_{n+1} = \sqrt{a_n + 5} < \sqrt{a_{n+1} + 5} = a_{n+2}.$$

Beispiel 3:
Satz (*Bernoullische Ungleichung,* nach Johann Bernoulli, 1667–1748): Ist x eine reelle Zahl mit $x > -1$ und $x \neq 0$, dann gilt für alle $n \in \mathbb{N}$ mit $n \geq 2$ die Ungleichung (vgl. Abb. 26)

$$(1+x)^n > 1 + nx.$$

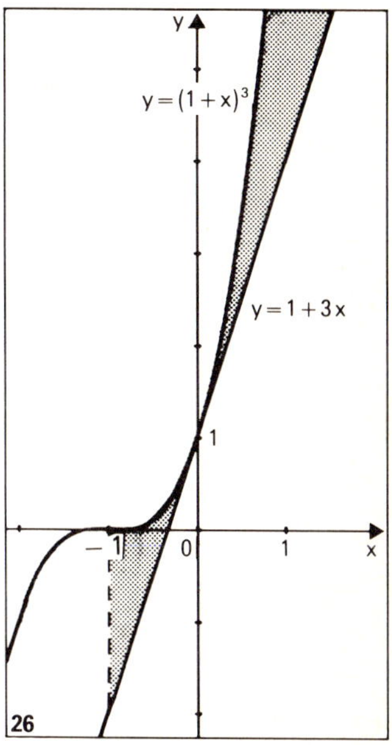

26

Beweis: 1) Für $n=2$ ist die Behauptung richtig:

$$(1+x)^2 = 1+2x+x^2 > 1+2x.$$

2) Es sei $(1+x)^n > 1+nx$ für ein $n \in \mathbb{N}$; dann gilt wegen $1+x>0$ und $nx^2>0$:

$$\begin{aligned}(1+x)^{n+1} &= (1+x)^n(1+x)\\ &> (1+nx)(1+x)\\ &= 1+nx+x+nx^2\\ &> 1+(n+1)x.\end{aligned}$$

In Beispiel 3 war $A(n)$ nicht für alle $n \in \mathbb{N}$, sondern nur für alle $n \in \mathbb{N}$ mit $n \geq 2$ zu beweisen. In Beispiel 4 ist $A(n)$ nur für alle $n \in \mathbb{N}$ mit $n \geq 5$ zu beweisen. Der Induktionsanfang ist hier also $A(5)$.

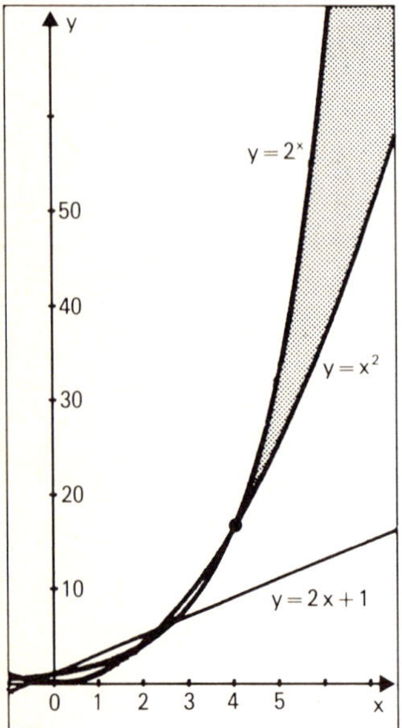

27

Beispiel 4:
Satz: Für alle $n \in \mathbb{N}$ mit $n \geq 5$ gilt

$$2n+1 < n^2 < 2^n.$$

Beweis: 1) Für $n=5$ ist die Behauptung richtig:

$$11 = 2\cdot 5+1 < 5^2 = 25 < 2^5 = 32.$$

2) Es sei $2n+1 < n^2 < 2^n$ für ein $n \geq 5$. Dann ist

$$\begin{aligned}(n+1)^2 &= n^2+2n+1 > 2n+1+2n+1\\ &> 2n+1+2 = 2(n+1)+1\end{aligned}$$

und

$$\begin{aligned}(n+1)^2 &= n^2+2n+1 < 2^n+2n+1\\ &< 2^n+2^n = 2^{n+1}.\end{aligned}$$

Abb. 27 verdeutlicht die Ungleichungen in diesem Satz an geeigneten Funktionsgraphen.

2.3 Konvergente Zahlenfolgen

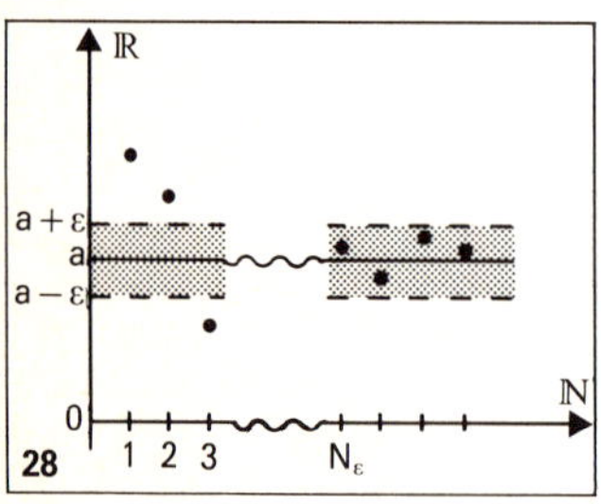

28

Eine Folge $\langle a_n \rangle$ heißt *konvergent zum Grenzwert* a, wenn für jede positive Zahl ε eine natürliche Zahl N_ε existiert, so daß gilt:

$$|a_n - a| < \varepsilon \quad \text{für alle } n \in \mathbb{N} \text{ mit } n > N_\varepsilon.$$

Dies bedeutet, daß für alle $n \in \mathbb{N}$ mit $n > N_\varepsilon$ die Folgenglieder a_n in der ε-**Umgebung** $U_\varepsilon(a)$ von a liegen; dabei ist

$$U_\varepsilon(a) :=]a-\varepsilon; a+\varepsilon[$$

(Abb. 28, 29). Man schreibt dann $\lim\limits_{n\to\infty} a_n = a$ (lies: „Limes von a_n für n gegen unendlich ist a"). Ist dabei $a=0$, so heißt $\langle a_n\rangle$ eine **Nullfolge.** Eine nichtkonvergente Folge heißt *divergent*.

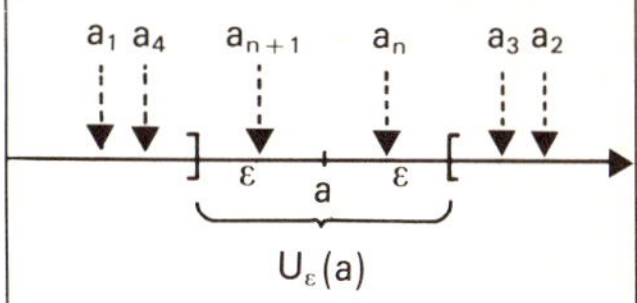

29

Eine Folge kann *höchstens einen* Grenzwert haben, denn für $a \neq b$ ist (vgl. Abb. 30)

$$U_\varepsilon(a) \cap U_\varepsilon(b) = \emptyset, \quad \text{falls } \varepsilon < \frac{|a-b|}{2}.$$

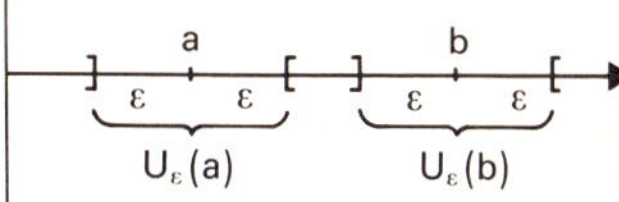

30

Jede konvergente Folge ist **beschränkt,** aber nicht jede beschränkte Folge ist konvergent; letzteres erkennt man an der Folge $\langle(-1)^n\rangle$, welche zwei verschiedene *Verdichtungspunkte* besitzt.

Beispiel 1: Die Folge $\langle a_n\rangle$ mit $a_n = \dfrac{2n^2+1}{n^2-7}$ ist konvergent zum Grenzwert 2, also $\lim\limits_{n\to\infty} a_n = 2$. Zum Beweis dieser Behauptung untersuchen wir $|a_n - 2|$. Es ist

$$a_n - 2 = \frac{2n^2+1}{n^2-7} - 2 = \frac{2n^2+1-2n^2+14}{n^2-7} = \frac{15}{n^2-7}.$$

Wir setzen im folgenden $n \geq 3$ voraus, weil dann $\dfrac{15}{n^2-7}$ positiv ist. Nun sei ε eine (beliebig kleine) positive Zahl, ferner $n \geq 3$. Dann gilt (vgl. Abb. 31)

$$|a_n - 2| < \varepsilon \Leftrightarrow \frac{15}{n^2-7} < \varepsilon \Leftrightarrow \frac{15}{\varepsilon} < n^2 - 7$$

$$\Leftrightarrow \sqrt{\frac{15}{\varepsilon} + 7} < n.$$

$\lvert a_n - 2\rvert < \ldots$	falls $n > \ldots$
0,1	12
0,01	122
0,001	387
0,0001	1224

31

Setzen wir mit Hilfe der **Ganzteilfunktion** $N_\varepsilon = \left[\sqrt{\dfrac{15}{\varepsilon} + 7}\right]$, dann gilt also $|a_n - 2| < \varepsilon$ für alle $n \in \mathbb{N}$ mit $n > N_\varepsilon$.

Beispiel 2: Es gilt

$$\lim_{n\to\infty} \frac{2n^2 - 3n + 1}{5n^2 + 2} = \lim_{n\to\infty} \frac{2 - 3\left(\frac{1}{n}\right) + \left(\frac{1}{n}\right)^2}{5 + 2\left(\frac{1}{n}\right)^2} = \frac{2}{5},$$

denn $\left\langle \dfrac{1}{n} \right\rangle$ und $\left\langle \left(\dfrac{1}{n}\right)^2 \right\rangle$ sind **Nullfolgen.**

Beispiel 3: Die **geometrische Folge** $\langle a q^{n-1} \rangle$ ist eine Nullfolge, falls $|q|<1$; für $q=1$ ist sie konvergent zum Grenzwert a; für $q=-1$ ist sie nicht konvergent, aber beschränkt. Für $|q|>1$ ist diese Folge nicht beschränkt und daher auch nicht konvergent.
Für $0<|q|<1$ und $0<\varepsilon<1$ wollen wir eine natürliche Zahl N_ε bestimmen, für welche

$$|q^{n-1}|<\varepsilon \quad \text{für alle } n\in\mathbb{N} \text{ mit } n>N_\varepsilon$$

gilt. Dazu verwenden wir den **Logarithmus:**

$$|q^{n-1}|<\varepsilon \Leftrightarrow |q|^{n-1}<\varepsilon \Leftrightarrow (n-1)\lg|q|<\lg\varepsilon$$
$$\Leftrightarrow (n-1)\lg\frac{1}{|q|}>\lg\frac{1}{\varepsilon}$$

(Man beachte die Beziehungen $\lg x=-\lg\frac{1}{x}$ und $\lg\frac{1}{x}>0$ für $0<x<1$.) Es ergibt sich also

$$N_\varepsilon \geq 1+\frac{\lg\frac{1}{\varepsilon}}{\lg\frac{1}{|q|}}=1+\frac{\lg\varepsilon}{\lg|q|}$$

ε	$\frac{\lg\varepsilon}{\lg 0{,}8}$	N_ε (z. B.)
0,1	10,3...	11
0,01	20,6...	21
0,0005	34,0...	40
10^{-6}	61,9...	70
10^{-9}	92,8...	100
10^{-12}	123,8...	200

32

In Abb. 32 sind für $q=0{,}8$ zu verschiedenen Werten von ε Zahlen N_ε angegeben.

Beispiel 4: Die geometrische **Reihe** $\sum\langle a q^{n-1}\rangle$ ist für $|q|<1$ konvergent zum Grenzwert $\frac{a}{1-q}$ (vgl. Abb. 33). Denn in diesem Fall ist (vgl. 2.1)

$$\lim_{n\to\infty}\sum_{k=1}^{n} a q^{k-1}=\lim_{n\to\infty} a\cdot\frac{1-q^n}{1-q}=a\cdot\frac{1}{1-q}.$$

(Man beachte, daß $\langle q^n\rangle$ für $|q|<1$ eine Nullfolge ist, vgl. Beispiel 3.) Für alle anderen Werte von q ist die geometrische Reihe divergent, falls $a\neq 0$.

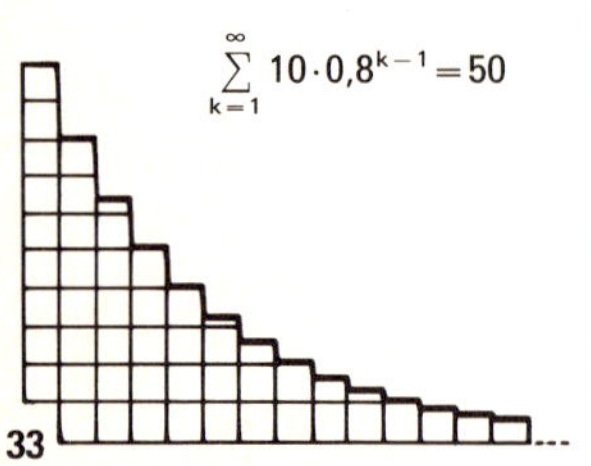

33

Gilt $\lim_{n\to\infty}\sum_{k=1}^{n} a_k=s$, so schreibt man kurz $\sum_{k=1}^{\infty} a_k=s$. Für $|q|<1$ gilt also

$$\sum_{k=1}^{\infty} q^{k-1}=\frac{1}{1-q}.$$

In den Beispielen 2 und 4 haben wir von den folgenden Sätzen Gebrauch gemacht:

Grenzwertsätze für Folgen: Es seien $\langle a_n \rangle$ und $\langle b_n \rangle$ konvergent. Dann sind auch $\langle a_n + b_n \rangle$ und $\langle a_n b_n \rangle$ konvergent und es gilt

$$\lim_{n\to\infty} (a_n + b_n) = \lim_{n\to\infty} a_n + \lim_{n\to\infty} b_n$$

und

$$\lim_{n\to\infty} (a_n b_n) = \lim_{n\to\infty} a_n \cdot \lim_{n\to\infty} b_n .$$

Ist ferner $b_n \neq 0$ für alle $n \in \mathbb{N}$ und $\lim_{n\to\infty} b_n \neq 0$, dann ist auch $\left\langle \frac{a_n}{b_n} \right\rangle$ konvergent und es gilt

$$\lim_{n\to\infty} \frac{a_n}{b_n} = \frac{\lim_{n\to\infty} a_n}{\lim_{n\to\infty} b_n} .$$

Außerdem gilt für $c \in \mathbb{R}$

$$\lim_{n\to\infty} (c a_n) = c \cdot \lim_{n\to\infty} a_n .$$

Viele Konvergenzbeweise kann man mit dem folgenden **Konvergenzkriterium** führen:

Einschließungskriterium: Es seien $\langle a_n \rangle$, $\langle b_n \rangle$ und $\langle c_n \rangle$ Folgen mit

$$a_n \leq b_n \leq c_n \quad \text{für alle } n \in \mathbb{N}.$$

Sind dann $\langle a_n \rangle$ und $\langle c_n \rangle$ konvergent zum gleichen Grenzwert a, dann ist auch $\langle b_n \rangle$ konvergent zum Grenzwert a.

Beispiel 5: Wir wollen zeigen, daß

$$\lim_{n\to\infty} n \cdot \left(\frac{1}{2}\right)^n = 0 .$$

Für $n \geq 4$ ist $n^2 \leq 2^n$ (vgl. Beispiel 4 in 2.2), also gilt

$$0 \leq n \cdot \left(\frac{1}{2}\right)^n \leq \frac{1}{n} \quad \text{für } n \geq 4 .$$

(Die Folgenglieder für n = 1, 2, 3 spielen für die Konvergenz keine Rolle.) Aus dem Einschließungskriterium folgt jetzt die Behauptung, da $\left\langle \frac{1}{n} \right\rangle$ eine Nullfolge ist.

Die Gültigkeit des folgenden Satzes beruht darauf, daß der Körper der reellen Zahlen **vollständig** ist:

> *Hauptsatz über monotone Folgen:* Eine nach oben beschränkte monoton wachsende Folge konvergiert. Eine nach unten beschränkte monoton fallende Folge konvergiert.

Beispiel 6: Die **rekursive Folge** $\langle a_n \rangle$ mit

$$a_1 := 1 \quad \text{und} \quad a_{n+1} := \sqrt{a_n + 5} \quad \text{für } n \in \mathbb{N}$$

ist monoton wachsend und nach oben beschränkt (vgl. Beispiele 1 und 2 aus 2.2). Also ist sie konvergent. Den Grenzwert a kann man aus der Gleichung $a = \sqrt{a+5}$ berechnen; es ergibt sich $a = \frac{1+\sqrt{21}}{2} = 2{,}7912878\ldots$.

Beispiel 7: Die Folge $\langle a_n \rangle$ mit $a_n = \sum_{k=1}^{n} \frac{1}{k^2}$ **(Reihe)** ist streng monoton wachsend:

$$a_{n+1} - a_n = \sum_{k=1}^{n+1} \frac{1}{k^2} - \sum_{k=1}^{n} \frac{1}{k^2} = \frac{1}{(n+1)^2} > 0.$$

Ferner ist diese Folge nach oben beschränkt: Wegen

$$\frac{1}{k^2} < \frac{1}{(k-1)k} = \frac{1}{k-1} - \frac{1}{k} \quad \text{für } k \geq 2$$

gilt

$$a_n = \sum_{k=1}^{n} \frac{1}{k^2} < 1 + \sum_{k=2}^{n} \left(\frac{1}{k-1} - \frac{1}{k} \right)$$

$$= 1 + \left(1 - \frac{1}{n}\right) < 2$$

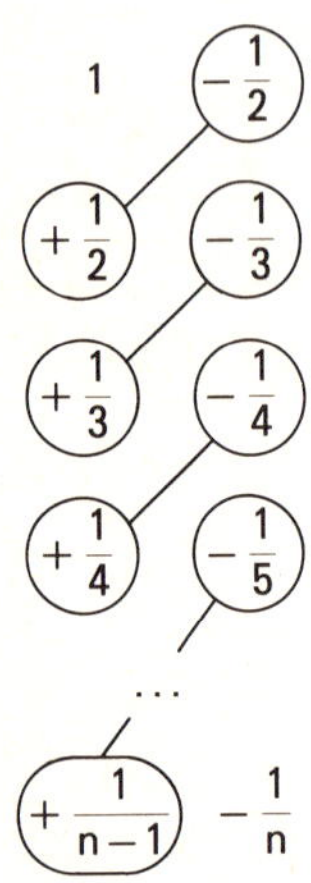

33a

(vgl. Abb. 33a). Also existiert der Grenzwert $\sum_{k=1}^{\infty} \frac{1}{k^2}$.

3 Funktionen

3.1 Der Funktionsbegriff

> Eine *Funktion* auf der *Definitionsmenge* $D \subseteq \mathbb{R}$ ordnet jeder Zahl aus D wieder genau eine Zahl zu (Abb. 34). Man schreibt
>
> $$f\colon D \to \mathbb{R} \quad \text{und} \quad f\colon x \mapsto f(x) \quad \text{für } x \in D.$$
>
> Ist der Zahl $x \in D$ die Zahl y zugeordnet, so drückt man dies durch die *Funktionsgleichung* $y = f(x)$ aus.

Ist f eine Funktion, dann heißt der Graph von $\{(x|y) \mid y = f(x)\}$ (vgl. 1.1) der *Graph der Funktion.* Der Graph einer Funktion f wird von jeder Parallelen zur y-Achse in höchstens einem Punkt geschnitten, denn zu einem x-Wert gibt es keine verschiedenen y-Werte mit $y = f(x)$. Die Zuordnung $x \mapsto f(x)$ ist oft durch einen algebraischen Term gegeben, etwa

$$x \mapsto x^2, \quad x \mapsto \frac{1}{x+1}, \quad x \mapsto \sqrt{x}.$$

Der Term f(x) heißt dann der *Funktionsterm.*
Um den Graph einer Funktion zu zeichnen, berechnet man zunächst eine Wertetabelle. Dazu muß man erst festlegen, für welchen Teil der Definitionsmenge der Graph gezeichnet werden soll. In Abb. 35 ist der Graph von

$$f\colon x \mapsto x - \sqrt{x}$$

über dem Intervall [0; 4] dargestellt. Die Menge der auftretenden Werte **(Wertemenge)** von f in [0; 4] ist das Intervall $[-\frac{1}{4}; 2]$, wie man anhand des Graphen vermuten kann.
Abb. 36 zeigt den Graph der *Betragsfunktion* für $x \in [-3; 3]$. Der Graph in Abb. 37 stellt die **Ganzteilfunktion** *(Gaußsche Klammerfunktion)* dar; dabei bezeichnet man mit [x] die größte ganze Zahl, die nicht größer als x ist.

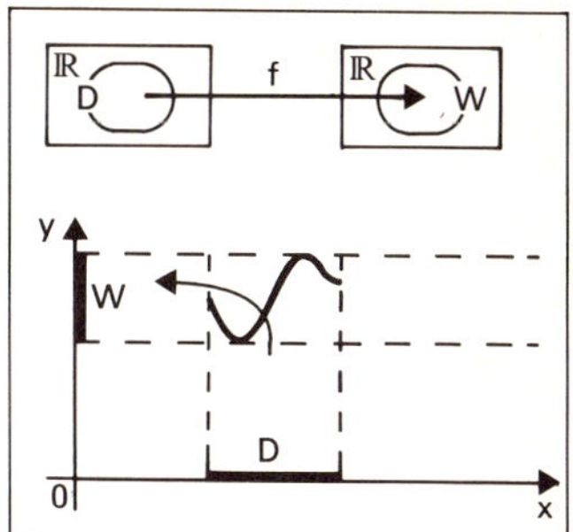

34

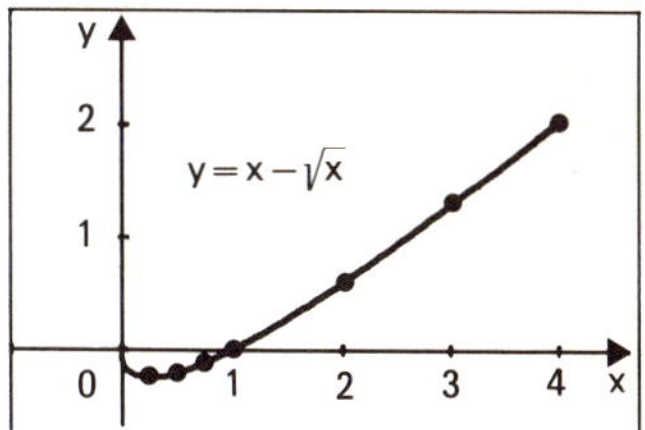

x	y
0	0
0,25	−0,25
0,5	−0,21
0,75	−0,12
1	0
2	0,59
3	1,27
4	2

35

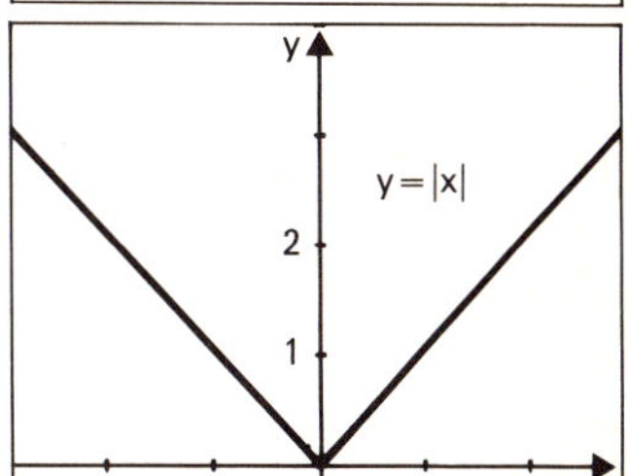

36

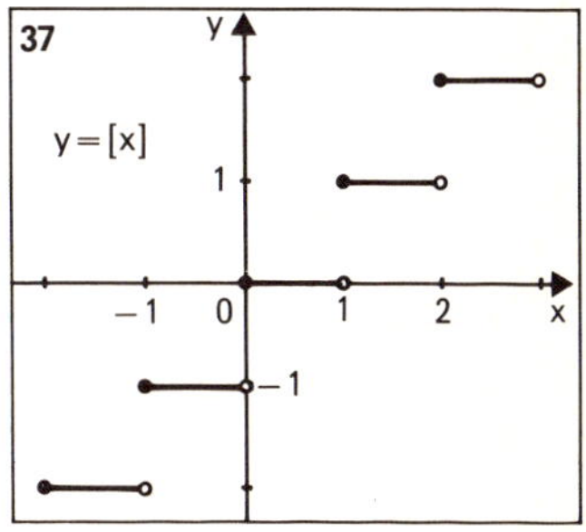

37

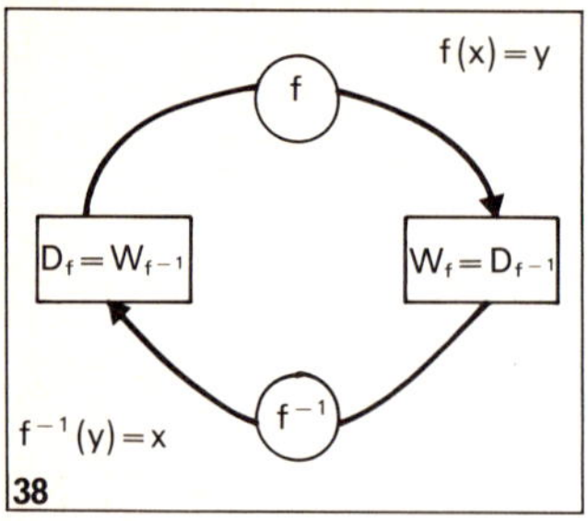

38

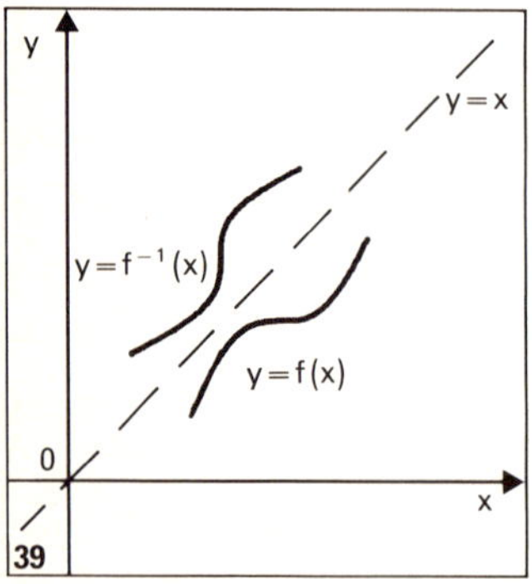

39

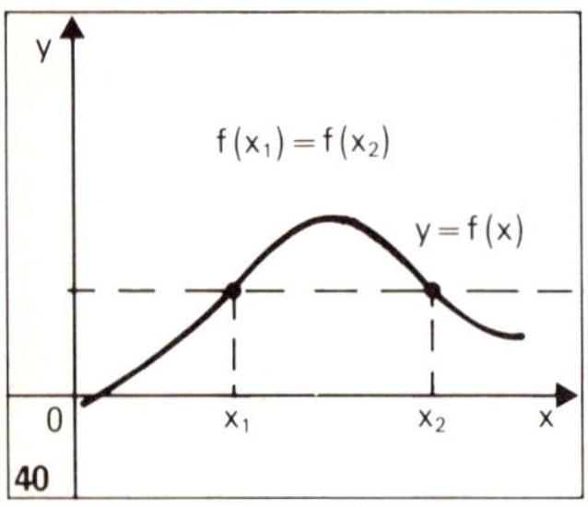

40

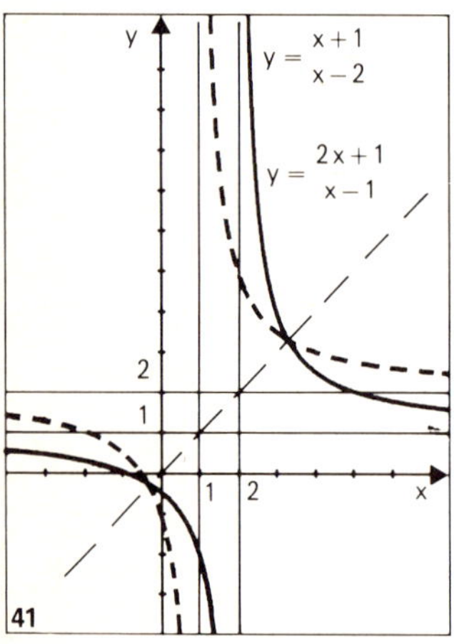

41

3.2 Verknüpfung von Funktionen

Im folgenden sind mit $D_f, D_g, D_h, \ldots$ die Definitionsmengen der Funktionen f, g, h, ... bezeichnet. Die vier Grundrechenarten

Addition, Subtraktion, Multiplikation, Division

sind für Funktionen definiert, indem man die entsprechenden Operationen mit ihren Werten durchführt:

$$(f \pm g)(x) := f(x) \pm g(x) \quad \text{für } x \in D_f \cap D_g;$$
$$(f \cdot g)(x) := f(x) \cdot g(x) \quad \text{für } x \in D_f \cap D_g;$$
$$\left(\frac{f}{g}\right)(x) := \frac{f(x)}{g(x)} \quad \text{für } x \in D_f \cap D_g \setminus \{x \mid g(x) = 0\}.$$

Die *Polynomfunktionen* (vgl. 3.3) ergeben sich aus den konstanten Funktionen und der **identischen Funktion** $x \mapsto x$ durch Multiplikation und Addition. Der Quotient zweier Polynomfunktionen ist eine *rationale Funktion* (vgl. 3.3).

Wir betrachten nun eine Funktion f mit folgender Eigenschaft: Zu jedem Wert y aus der Wertemenge W_f von f gibt es genau ein x aus der Definitionsmenge D_f mit $f(x) = y$. Dann ist jedem $y \in W_f$ also genau ein $x \in D_f$ zugeordnet. Diese Zuordnung heißt die **Umkehrfunktion** von f und wird mit f^{-1} bezeichnet (Abb. 38). Die Definitionsmenge von f^{-1} ist die Wertemenge von f. Die Graphen von f und f^{-1} liegen spiegelbildlich bezüglich der 1. Winkelhalbierenden (Abb. 39).

Schneidet eine Parallele zur x-Achse den Graph von f über einem Intervall I mehr als einmal, so besitzt f über I keine Umkehrfunktion (Abb. 40). Eine auf I streng monoton wachsende Funktion besitzt auf I eine Umkehrfunktion, ebenfalls eine auf I streng monoton fallende Funktion.

Ist f umkehrbar, so kann man in vielen Fällen den Funktionsterm von f^{-1} gewinnen, indem man $y = f(x)$ nach x auflöst und dann die Variablenbezeichnungen x und y vertauscht.

Beispiel 1: Die rationale Funktion $f\colon x \mapsto \dfrac{x+1}{x-2}$ mit $D_f = \mathbb{R} \setminus \{2\}$ und $W_f = \mathbb{R} \setminus \{1\}$ ist umkehrbar. Denn die Gleichung $f(x) = c$ hat für alle $c \in W_f$ (also $c \neq 1$) genau eine Lösung:

$$\frac{x+1}{x-2}=c \Leftrightarrow x+1=c(x-2)$$

$$\Leftrightarrow (c-1)x=2c+1 \Leftrightarrow x=\frac{2c+1}{c-1}.$$

Die Funktionsgleichung der Umkehrfunktion gewinnt man aus $x=f(y)$, also $x=\frac{y+1}{y-2}$, durch Auflösen nach y. Es ergibt sich

$$f^{-1}: x \mapsto \frac{2x+1}{x-1}$$

mit $D_{f^{-1}}=\mathbb{R}\setminus\{1\}$ und $W_{f^{-1}}=\mathbb{R}\setminus\{2\}$ (vgl. Abb. 41).

Beispiel 2: Die Funktion $f: x \mapsto x^2-3$ ist nicht umkehrbar, wenn man als Definitionsmenge $\mathbb{R}$ wählt. Beschränkt man sich aber auf die Definitionsmenge $D_f=[0; \infty[$, dann ist f auf D_f umkehrbar. Es ergibt sich

$$f^{-1}: x \mapsto \sqrt{x+3}$$

mit $D_{f^{-1}}=[-3; \infty[$ und $W_f=[0; \infty[$ (vgl. Abb. 42).

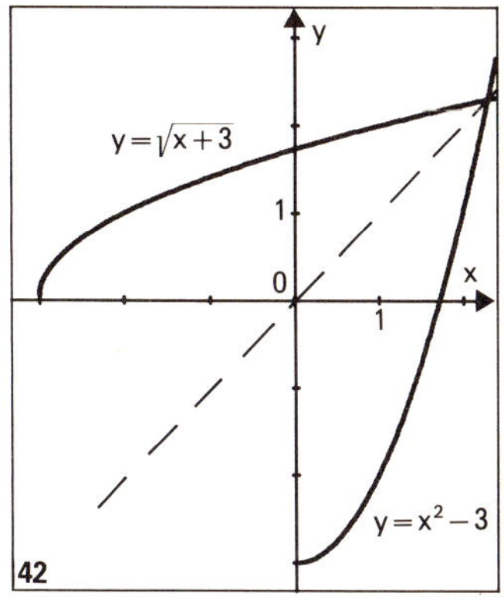

42

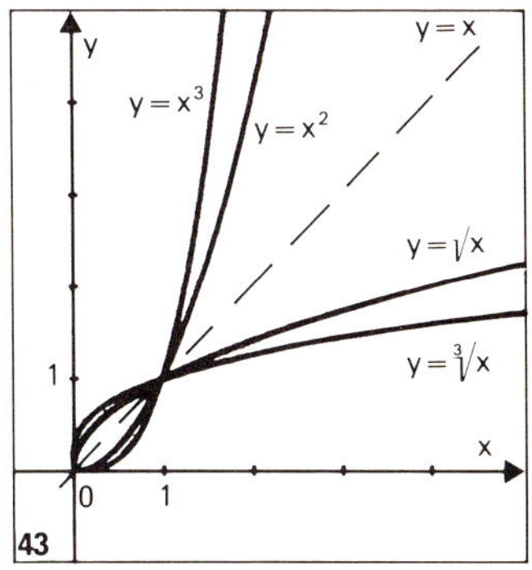

43

Beispiel 3: Die Potenzfunktion $x \mapsto x^n$ $(n \in \mathbb{N})$ ist auf $[0; \infty[$ umkehrbar (Abb. 43). Ihre Umkehrfunktion ist die *Wurzelfunktion* $x \mapsto \sqrt[n]{x}$ mit dem Definitionsbereich $[0; \infty[$ (vgl. 3.4). Statt $\sqrt[n]{x}$ schreibt man auch $x^{\frac{1}{n}}$.

Zwei Funktionen kann man *verketten* (hintereinanderschalten), wenn die Wertemenge der ersten Funktion in der Definitionsmenge der zweiten Funktion liegt. Die *Verkettung* $g \circ f$ der Funktion g mit der Funktion f liest man „g verkettet mit f" oder „f eingesetzt in g". Man erhält den Funktionsterm von $g \circ f$, indem man die Variable im Term von g durch $f(x)$ ersetzt:

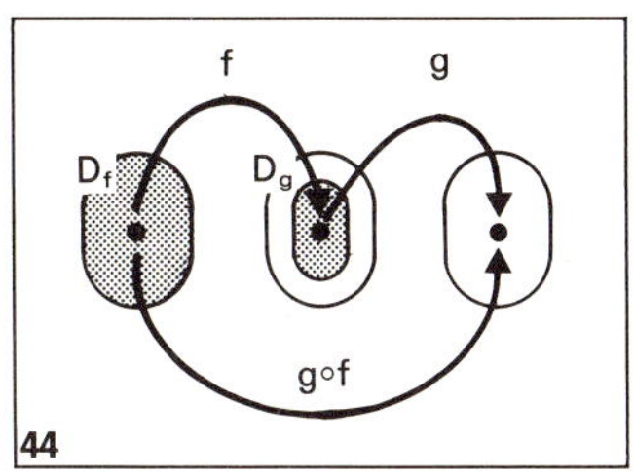

44

$(g \circ f)(x) := g(f(x))$ für $x \in D_f$ und $f(x) \in D_g$.

Beispiel 4: Für $f: x \mapsto x^2$ und $g: x \mapsto x+1$ ist

$$(g \circ f)(x) = x^2+1$$

und

$$(f \circ g)(x) = (x+1)^2.$$

Dieses Beispiel zeigt, daß im allgemeinen $g \circ f$ und $f \circ g$ zu unterscheiden sind (vgl. Abb. 45).

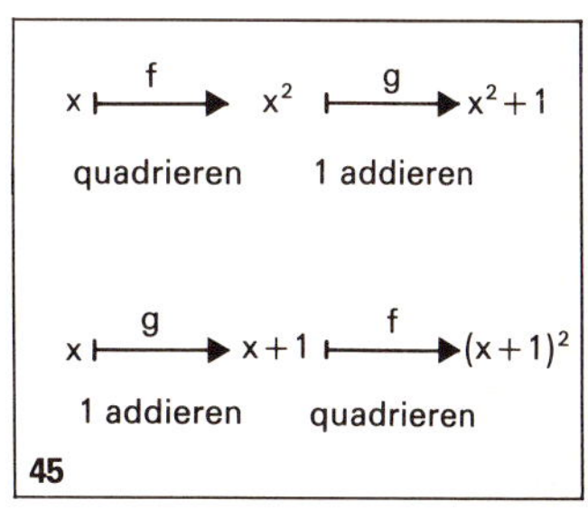

45

Beispiel 5: Die Verkettung von $f: x \mapsto x^7$ und $g: x \mapsto \sqrt[5]{x}$ liefert

$$(g \circ f)(x) = \sqrt[5]{x^7} \quad \text{und} \quad (f \circ g)(x) = (\sqrt[5]{x})^7.$$

Wegen $\sqrt[5]{x^7} = (\sqrt[5]{x})^7$ ist hier $f \circ g = g \circ f$. Es handelt sich um die **Potenzfunktion** $x \mapsto x^{\frac{7}{5}}$. Allgemein entsteht die Potenzfunktion

$$x \mapsto x^{\frac{p}{q}} \quad (p, q \in \mathbb{N})$$

durch Verketten von $x \mapsto x^p$ mit $x \mapsto \sqrt[q]{x}$.

> Ist f umkehrbar, dann ist
>
> $f^{-1} \circ f$ die **identische Funktion** auf D_f
>
> und
>
> $f \circ f^{-1}$ die identische Funktion auf $D_{f^{-1}}$.

Beispiel 6: Für $f(x) = x^2 - 3$ mit $D_f = [0; \infty[$ gilt $f^{-1}(x) = \sqrt{x+3}$ mit $D_{f^{-1}} = [-3; \infty[$ (vgl. Beispiel 3). Also ist

$$(f^{-1} \circ f)(x) = \sqrt{(x^2-3)+3} = x \quad \text{für } x \in D_f$$

und

$$(f \circ f^{-1})(x) = (\sqrt{x+3})^2 - 3 = x \quad \text{für } x \in D_{f^{-1}}.$$

Beispiel 7: Die **Logarithmus***funktion* zur Basis q ist die Umkehrfunktion der *Exponentialfunktion* zur Basis q (vgl. 3.5). Es gilt also

$$\log_q(q^x) = x \quad \text{für alle } x \in \mathbb{R}$$

und

$$q^{\log_q x} = x \quad \text{für alle } x \in \mathbb{R}^+.$$

3.3 Rationale Funktionen

Ist $p(x)$ ein **Polynom** mit reellen Koeffizienten, also

$$p(x) = a_n x^n + \ldots + a_2 x^2 + a_1 x + a_0$$

mit $a_i \in \mathbb{R}$ $(i = 0, 1, 2, \ldots, n)$ und $n \in \mathbb{N}_0$, dann heißt die Funktion $x \mapsto p(x)$ eine *Polynomfunktion* oder eine *ganzrationale Funktion.* Ist $a_n \neq 0$, dann heißt n der *Grad* von $p(x)$ und wird mit Grad p bezeichnet. Die konstanten

Polynome haben den Grad 0, wenn es sich nicht um das *Nullpolynom* handelt (alle Koeffizienten 0); diesem ordnen wir keinen Grad zu. Eine ganzrationale Funktion hat die Definitionsmenge $\mathbb{R}$. Den Wert einer ganzrationalen Funktion an einer gegebenen Stelle berechnet man zweckmäßigerweise mit dem **Horner-Schema.** Von besonderer Bedeutung sind folgende Funktionen:

$x \mapsto a_0$ *konstante Funktion*

$x \mapsto a_1 x + a_0$ mit $a_1 \neq 0$
lineare Funktion

$x \mapsto a_2 x^2 + a_1 x + a_0$ mit $a_2 \neq 0$
quadratische Funktion

$x \mapsto a_3 x^3 + a_2 x^2 + a_1 x + a_0$ mit $a_3 \neq 0$
kubische Funktion

Sind $p(x)$ und $q(x)$ zwei Polynome, dann heißt die Funktion $x \mapsto \frac{p(x)}{q(x)}$ eine *rationale Funktion.* Dabei darf $q(x)$ nicht das Nullpolynom sein. Ist Grad $q = 0$, dann handelt es sich um eine ganzrationale Funktion (Polynomfunktion). Ist Grad $q > 0$, dann liegt eine *gebrochenrationale* Funktion vor. Ist N_q die Menge der Nullstellen von q, dann hat obige rationale Funktion die Definitionsmenge $\mathbb{R} \setminus N_q$.
Mit Hilfe der Polynomdivision kann man eine rationale Funktion stets in der Form

$$x \mapsto k(x) + \frac{r(x)}{q(x)}$$

schreiben, wobei $k(x)$, $r(x)$, $q(x)$ Polynome sind und der Grad von r kleiner als der Grad von p ist:

Polynomdivision: Sind $p(x)$ und $q(x)$ zwei vom Nullpolynom verschiedene Polynome, dann gibt es zwei eindeutig bestimmte Polynome $k(x)$ und $r(x)$ mit Grad $r <$ Grad q und

$$p(x) = k(x)\,q(x) + r(x)$$

(Division mit Rest). Es gilt dann also

$$\frac{p(x)}{q(x)} = k(x) + \frac{r(x)}{q(x)}.$$

Beispiel 1: Es sei

$$p(x) = 2x^4 - 3x^3 + 7x + 5,$$
$$q(x) = x^2 + 3x - 1.$$

Der folgende Divisionsalgorithmus liefert

$$\frac{p(x)}{q(x)} = 2x^2 - 9x + 29 + \frac{-89x + 34}{x^2 + 3x - 1}.$$

Divisionsalgorithmus:

$$\begin{array}{rl}
2x^4 - 3x^3 \qquad + 7x + 5 = (x^2+3x-1)\cdot(2x^2-9x+29) + (-89x+34) & \\
-(2x^4 + 6x^3 - 2x^2) & \leftarrow (x^2+3x-1)\cdot 2x^2 \\
\hline
-9x^3 + 2x^2 + 7x + 5 & \\
-(-9x^3 - 27x^2 + 9x) & \leftarrow (x^2+3x-1)\cdot(-9x) \\
\hline
29x^2 - 2x + 5 & \\
-(29x^2 + 87x - 29) & \leftarrow (x^2+3x-1)\cdot 29 \\
\hline
-89x + 34 &
\end{array}$$

Ist $p(x)$ ein Polynom vom Grad n mit der Nullstelle a (also $p(a) = 0$), dann gilt $p(x) = (x-a)\,p_1(x)$, wobei $p_1(x)$ ein Polynom vom Grad $n-1$ ist. Gibt es eine natürliche Zahl m mit

$$p(x) = (x-a)^m\, p_m(x) \quad \text{und} \quad p_m(a) \neq 0,$$

dann heißt a eine **Nullstelle** *der Ordnung m* von p. Das Polynom p_m ist dann vom Grad $n-m$.

Ist a eine Nullstelle von q, dann ist a eine **Definitionslücke** der Funktion $f\colon x \mapsto \frac{p(x)}{q(x)}$. Ist a auch eine Nullstelle von p, und ist die Ordnung der Nullstelle a in q nicht größer als in p, dann liegt eine *stetig hebbare Definitionslücke* vor. Dann existiert nämlich der Grenzwert (vgl. 4.1)

$$\lim_{x \to a} \frac{p(x)}{q(x)} = c,$$

so daß man f zu einer an der Stelle a stetigen Funktion f^* ergänzen kann (vgl. 4.3):

$$f^*(x) = \begin{cases} f(x) & \text{für } x \neq a \\ c & \text{für } x = a \end{cases}.$$

Ist a eine nicht-hebbare Definitionslücke von f, dann

liegt an der Stelle ein Pol (eine **Polstelle**) vor. Es gilt dann **(einseitige Grenzwerte)**

$$\lim_{x \to a^-} f(x) = +\infty \quad \text{oder} \quad \lim_{x \to a^-} f(x) = -\infty$$

und

$$\lim_{x \to a^+} f(x) = +\infty \quad \text{oder} \quad \lim_{x \to a^+} f(x) = -\infty .$$

Die Gerade mit der Gleichung $x = a$ (Parallele zur y-Achse) ist dann eine *Polasymptote*.

Beispiel 2: Die rationale Funktion $f: x \mapsto \frac{x^2}{x^2-1}$ hat die Polstellen 1 und -1. Wegen $x^2 > 0$ und $x^2 - 1 < 0$ für $x \in]-1; 1[$ gilt

$$\lim_{x \to -1^+} f(x) = \lim_{x \to 1^-} f(x) = -\infty .$$

Wegen $x^2 > 0$ und $x^2 - 1 > 0$ für $|x| > 1$ gilt

$$\lim_{x \to -1^-} f(x) = \lim_{x \to 1^+} f(x) = +\infty$$

(vgl. Abb. 46).

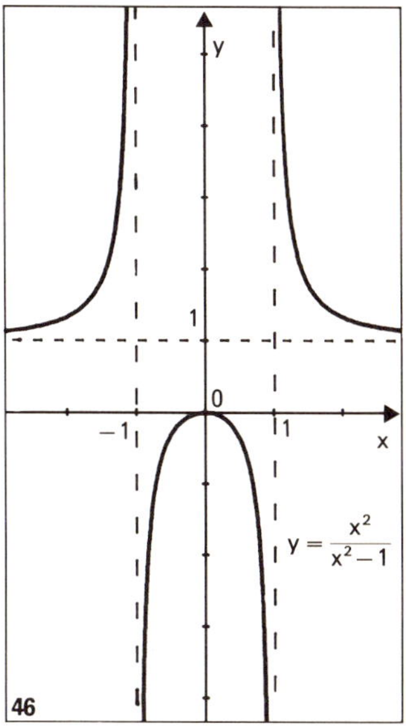

46

Beispiel 3: Gegeben sei die rationale Funktion

$$f: x \mapsto \frac{x^5 - x + 1}{x^3 + x} .$$

Das Nennerpolynom $x^3 + x$ hat in $\mathbb{R}$ die Nullstelle 0. Dies ist eine Polstelle von f, und zwar gilt

$$\lim_{x \to 0^-} f(x) = -\infty \quad \text{und} \quad \lim_{x \to 0^+} f(x) = +\infty .$$

Für $-1 < x < 0$ ist nämlich $x^5 - x + 1 > 0$ und $x^3 + x = x(x^2+1) < 0$; für $x > 0$ ist dagegen $x^5 - x + 1 > 0$ und $x(x^2+1) > 0$.
Polynomdivision liefert

$$\frac{x^5 - x + 1}{x^3 + x} = x^2 - 1 + \frac{1}{x^3 + x} .$$

Für x-Werte von sehr großem Betrag unterscheidet sich die Funktion f nur sehr wenig von der Funktion $x \mapsto x^2 - 1$, weil dann $\frac{1}{x^3+x}$ sehr klein wird. Die rationale Funktion f wird also durch die quadratische Funktion $x \mapsto x^2 - 1$ angenähert. Für positive x liegt der Graph von f oberhalb dieser Näherungsparabel, für negative x liegt er unterhalb (Abb. 47).
(Vgl. auch Beispiel 1 in 4.2 und Beispiel 1 in 6.1.)

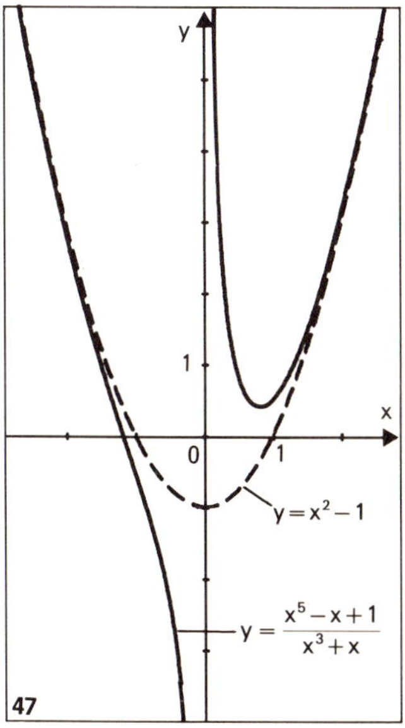

47

3.4 Wurzelfunktionen

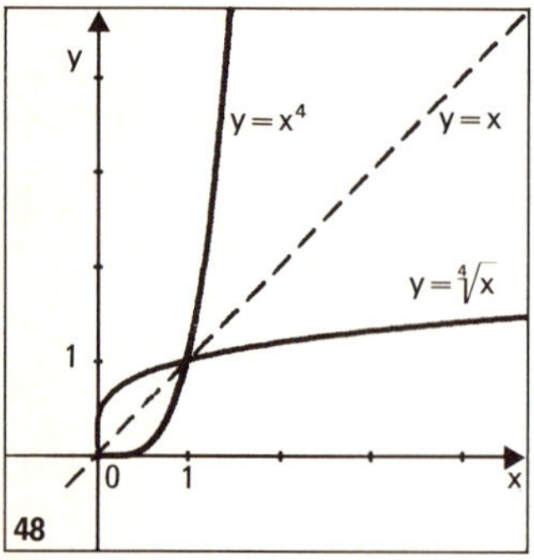

48

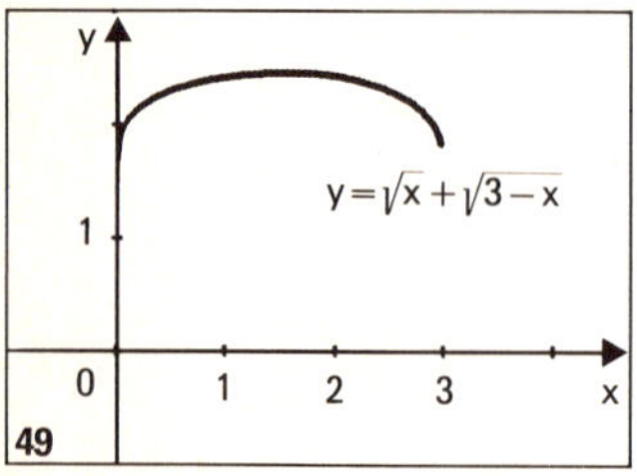

49

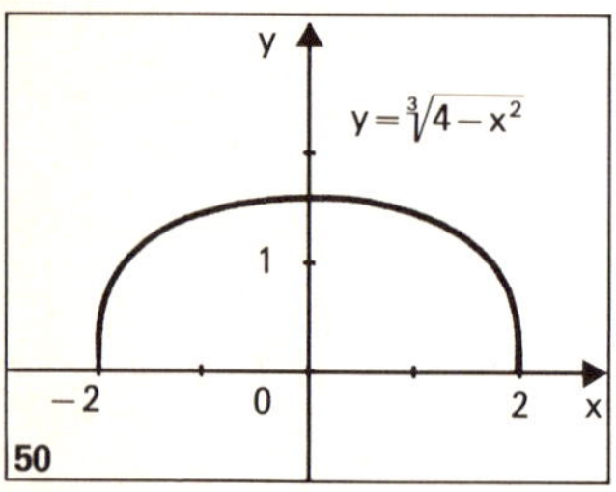

50

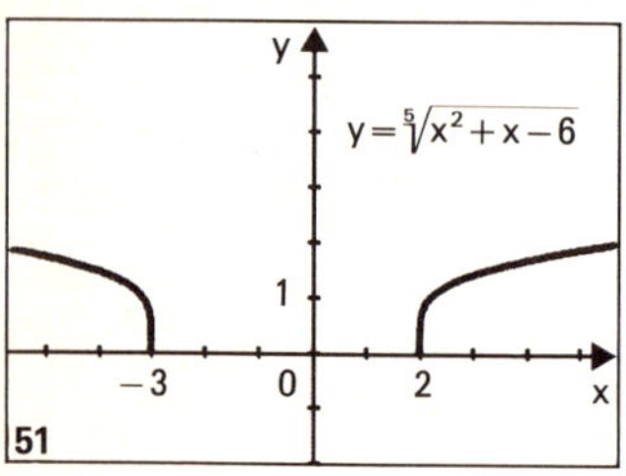

51

Die **Umkehrfunktion** der **Potenzfunktion**

$$f\colon x \mapsto x^n \quad \text{mit } D_f = [0;\ \infty[$$

($n \in \mathbb{N}$) ist die Wurzelfunktion

$$f^{-1}\colon x \mapsto \sqrt[n]{x} \quad \text{mit } D_f = [0;\ \infty[$$

(Abb. 48). Verkettungen dieser Funktionen mit rationalen Funktionen nennt man zuweilen ebenfalls Wurzelfunktionen. Bei der Diskussion einer Wurzelfunktion besteht die erste Aufgabe darin, ihre Definitionsmenge zu bestimmen, d.h. festzustellen, wo der Radikand bzw. die Radikanden positiv sind.

Beispiel 1: Die Funktion

$$f\colon x \mapsto \sqrt{x} + \sqrt{3-x}$$

(Abb. 49) hat die Definitionsmenge

$$D_f = [0;\ \infty[\ \cap\ ]-\infty;\ 3] = [0;\ 3].$$

Beispiel 2: Die Funktion

$$f\colon x \mapsto \sqrt[3]{4-x^2}$$

(Abb. 50) hat die Definitionsmenge

$$D_f = [-2;\ 2].$$

Beispiel 3: Die Funktion

$$f\colon x \mapsto \sqrt[5]{x^2+x-6}$$

hat die Definitionsmenge

$$D_f =]-\infty;\ -3] \cup [2;\ \infty[\ = \mathbb{R} \setminus]-3;\ 2[.$$

Denn die quadratische **Ungleichung**

$$x^2 + x - 6 \geq 0$$

hat genau diese Lösungsmenge (Abb. 51).

Beispiel 4: Die Funktion

$$f\colon x \mapsto \sqrt{\frac{2}{x+3} - \frac{3}{x-5}}$$

hat die Definitionsmenge

$$D_f = \mathbb{R} \setminus (]-19;\ -3[\ \cup \{-3;\ +5\}).$$

Denn $\frac{2}{x+3} < \frac{3}{x-5} \Leftrightarrow x \in]-19;\,-3[$.

Bemerkung: Für *negatives* n könnte man die Funktion $x \mapsto \sqrt[n]{x}$ auch für $x<0$ definieren, indem man $\sqrt[n]{-x} = -\sqrt[n]{x}$ setzt. Wegen möglicher Widersprüche beim Rechnen mit rationalen Exponenten ist dies aber unüblich: $-2 = \sqrt[3]{-8} = (-8)^{\frac{1}{3}} = (-8)^{\frac{2}{6}} = ((-8)^2)^{\frac{1}{6}} = \sqrt[6]{64} = +2$

3.5 Exponentialfunktionen und Logarithmusfunktionen

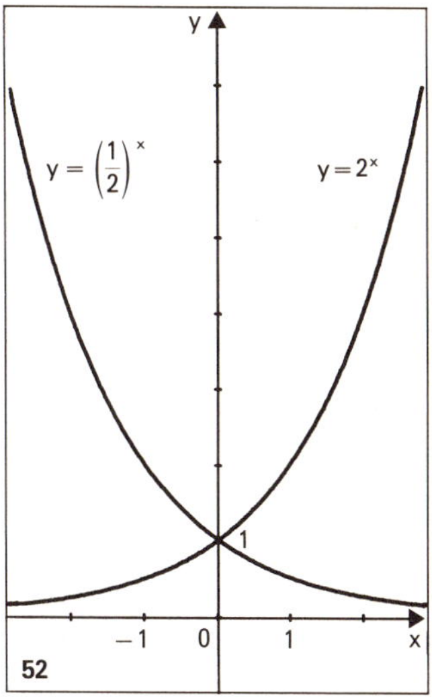

52

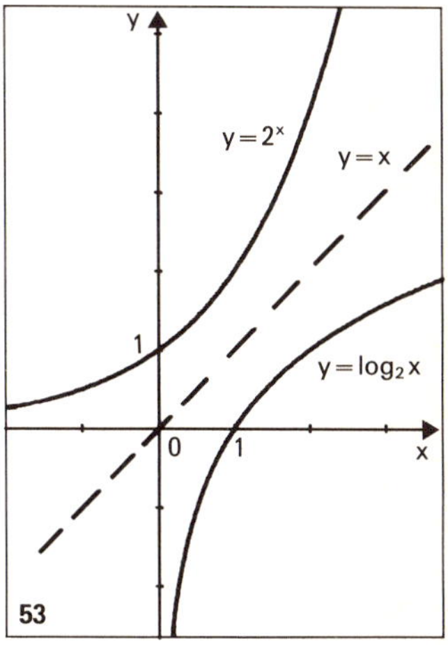

53

Die Funktion

$$\exp_q\colon x \mapsto q^x$$

mit $q>0$ heißt *Exponentialfunktion zur Basis q.* Ihre Definitionsmenge ist $\mathbb{R}$, ihre Wertemenge ist $]0;\,\infty[$. Für $q>1$ ist $\exp_q$ monoton wachsend, für $0<q<1$ ist $\exp_q$ monoton fallend. Die Graphen von $\exp_q$ und $\exp_{\frac{1}{q}}$ sind spiegelbildlich bezüglich der y-Achse, denn

$$q^x = \left(\frac{1}{q}\right)^{-x}$$

(Abb. 52). Die Exponentialfunktion $\exp_q$ ist für $q \neq 1$ umkehrbar, die **Umkehrfunktion** von $\exp_q$ ist die **Logarithmus***funktion zur Basis q*

$$\log_q\colon x \mapsto \log_q(x)$$

mit der Definitionsmenge $]0;\,\infty[$ und der Wertemenge $\mathbb{R}$ (Abb. 53).
Es gilt also (vgl. Beispiel 7 in 3.2):

$$\exp_q \circ \log_q = \mathrm{id} \quad \text{auf }]0;\,\infty[$$

und

$$\log_q \circ \exp_q = \mathrm{id} \quad \text{auf } \mathbb{R}$$

bzw.

$$q^{\log_q(x)} = x \quad \text{für alle } x>0$$

und

$$\log_q(q^x) = x \quad \text{für alle } x \in \mathbb{R}.$$

Aus der *Funktionalgleichung*

$$\exp_q(x_1 + x_2) = \exp_q(x_1) \cdot \exp_q(x_2)$$

folgt die *Funktionalgleichung*

$$\log_q(x_1 \cdot x_2) = \log_q(x_1) + \log_q(x_2).$$

Denn

$$q^{\log_q(x_1 \cdot x_2)} = x_1 \cdot x_2 = q^{\log_q(x_1)} \cdot q^{\log_q(x_2)}$$
$$= q^{\log_q(x_1) + \log_q(x_2)}.$$

In der Informatik spielt die Logarithmusfunktion zur Basis 2 eine große Rolle. Statt $\log_2$ schreibt man ld (logarithmus dualis). Zum numerischen Rechnen verwendet man die Logarithmen zur Basis 10. Statt $\log_{10}$ schreibt man kürzer lg. Die wichtigste Exponentialfunktion ist diejenige zur Basis

$$e := \lim_{n \to \infty} \left(1 + \frac{1}{n}\right)^n = 2{,}71828\ldots$$

(**Eulersche Zahl;** vgl. Beispiel 5 in 5.1). Man schreibt

$$\exp := \exp_e \quad \text{und} \quad \ln := \log_e.$$

Die Funktion ln heißt *natürliche Logarithmusfunktion* (logarithmus naturalis), die Funktion exp kann man daher auch *natürliche Exponentialfunktion* nennen.
Zwischen den Funktionen $\log_a$ und $\log_b$ (mit $a, b > 0$) besteht die Beziehung

$$\log_b x = \log_b a \cdot \log_a x,$$

denn

$$b^{\log_b x} = x = a^{\log_a x} = (b^{\log_b a})^{\log_a x}$$
$$= b^{\log_b a \cdot \log_a x}.$$

Insbesondere gilt also für $b > 0$

$$\log_b x = \log_b e \cdot \ln x.$$

Zwei Logarithmusfunktionen unterscheiden sich also nur durch einen konstanten Faktor; daher genügt es, sich mit der natürlichen Logarithmusfunktion zu beschäftigen (Abb. 54).
Wegen $\log_{\frac{1}{b}} = -\log_b$ (vgl. Abb. 55) ist es vielfach üblich, die Logarithmusfunktion nur für Basen b mit $b > 1$ zu betrachten.

Bemerkung: Potenzen q^x mit Exponenten $x \in \mathbb{R}$ haben wir nur für *positive* Basen q definiert. Für negative Basen ist dies im Bereich der reellen Zahlen nicht mög-

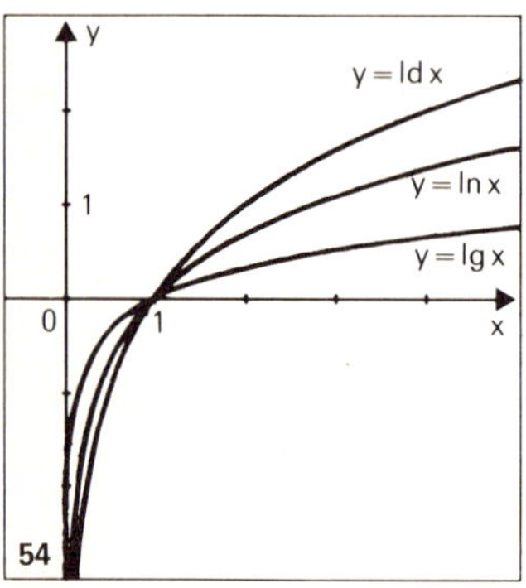

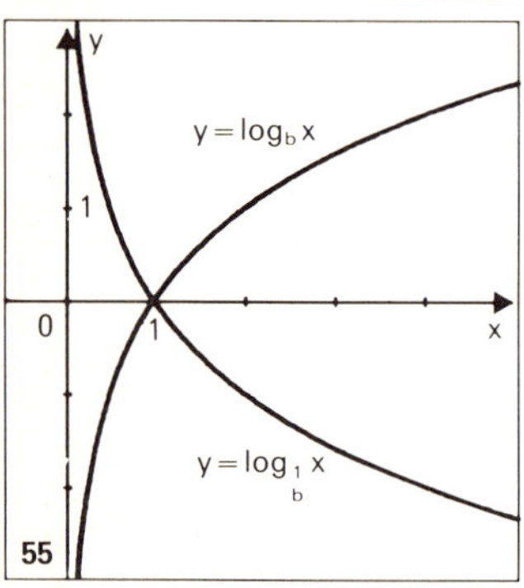

lich, wie schon das einfache Beispiel $(-1)^{0,5}$ $(=\sqrt{-1})$ zeigt. Potenzen mit negativen Basen und beliebigen reellen Exponenten kann man im Bereich der **komplexen Zahlen** definieren.

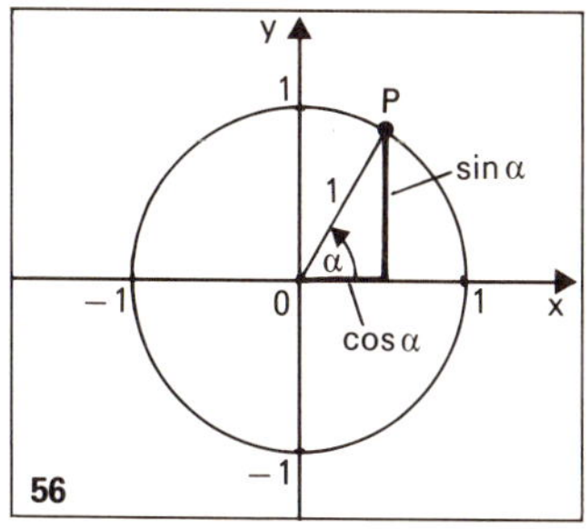

56

3.6 Trigonometrische Funktionen

Die Koordinaten eines Punktes P auf dem Einheitskreis sind durch den Winkel α zwischen O P und der x-Achse festgelegt (Abb. 56). Die x-Koordinate bezeichnet man in der **Trigonometrie** mit

$\cos\alpha$ (Kosinus von α),

die y-Koordinate mit

$\sin\alpha$ (Sinus von α).

Dreht man also den Radius von der positiven x-Achse aus um den Winkel α, dann ist sein Endpunkt

$$P=(\cos\alpha \mid \sin\alpha).$$

Dabei ist $\alpha>0$ für eine Linksdrehung und $\alpha<0$ für eine Rechtsdrehung. Nach dem Satz von Pythagoras gilt stets

$$\sin^2\alpha+\cos^2\alpha=1.$$

Es gelten folgende Beziehungen:

$$\sin(\alpha+360°)=\sin\alpha$$
$$\cos(\alpha+360°)=\cos\alpha$$

$$\sin(-\alpha)=-\sin\alpha$$
$$\cos(-\alpha)=\cos\alpha$$

$$\sin(\alpha+90°)=\cos\alpha$$
$$\cos(\alpha+90°)=-\sin\alpha$$

$$\sin(\alpha+180°)=-\sin\alpha$$
$$\cos(\alpha+180°)=-\cos\alpha$$

(vgl. Abb. 57). Einige spezielle Werte von sin und cos sind mit Hilfe der Abbildungen 58 und 59 zu berechnen; vgl. die Tabelle in Abb. 60.

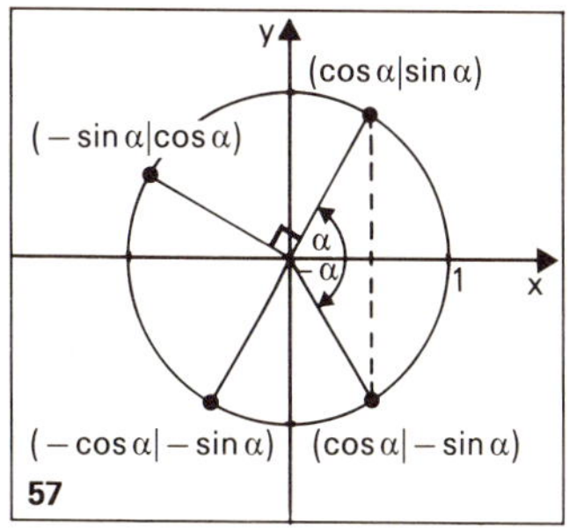

57

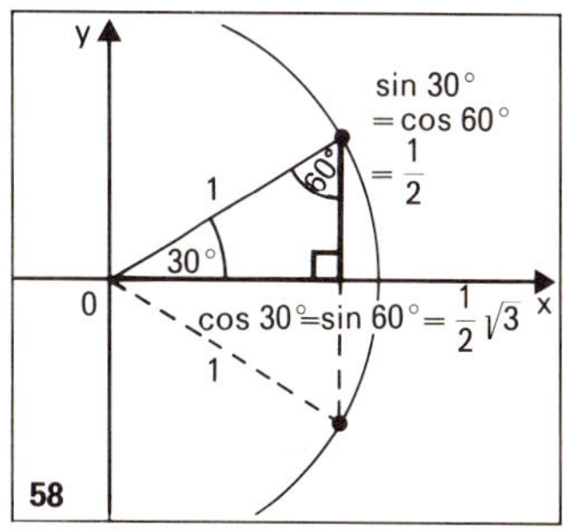

58

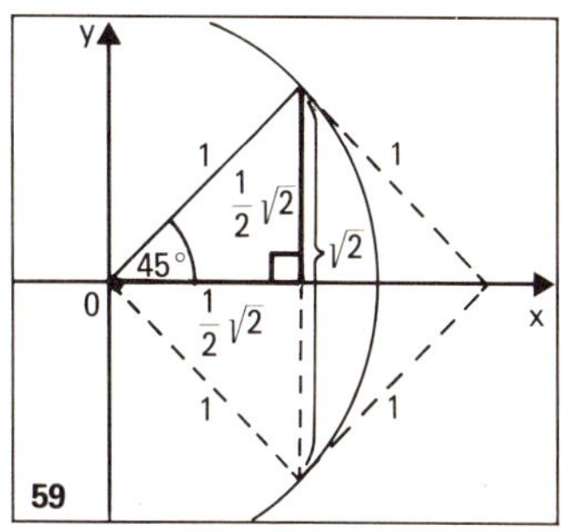

59

α	0°	30°	45°	60°	90°
$\sin\alpha$	0	$\frac{1}{2}$	$\frac{1}{2}\sqrt{2}$	$\frac{1}{2}\sqrt{3}$	1
$\cos\alpha$	1	$\frac{1}{2}\sqrt{3}$	$\frac{1}{2}\sqrt{2}$	$\frac{1}{2}$	0

60

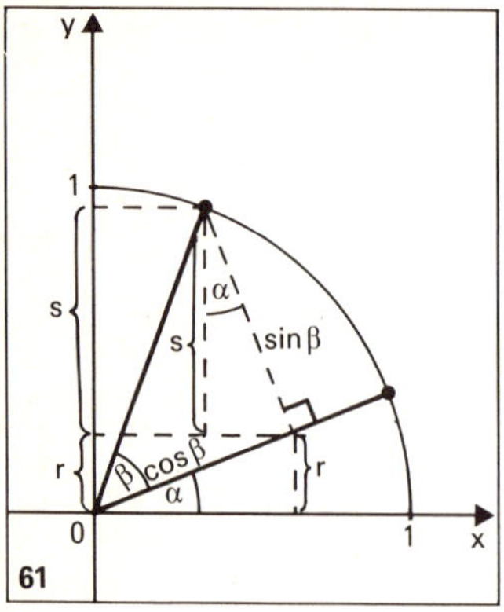

61

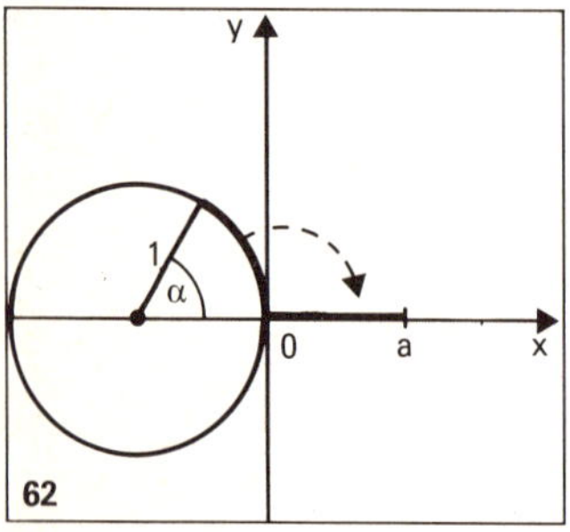

62

Gradmaß	Bogenmaß
1°	$\frac{1}{180}\pi = 0{,}01745\ldots$
30°	$\frac{1}{6}\pi = 0{,}52359\ldots$
45°	$\frac{1}{4}\pi = 0{,}78539\ldots$
60°	$\frac{1}{3}\pi = 1{,}04719\ldots$
90°	$\frac{1}{2}\pi = 1{,}57079\ldots$
180°	$\pi = 3{,}14159\ldots$
360°	$2\pi = 6{,}28318\ldots$

63

Die **Additionstheoreme** erlauben es, $\sin(\alpha+\beta)$, $\cos(\alpha+\beta)$ aus den Werten $\sin\alpha$, $\cos\alpha$, $\sin\beta$, $\cos\beta$ zu berechnen:

$$\sin(\alpha+\beta) = \sin\alpha\cos\beta + \cos\alpha\sin\beta$$
$$\cos(\alpha+\beta) = \cos\alpha\cos\beta - \sin\alpha\sin\beta$$

Der Sonderfall $\alpha = \beta$ liefert:

$$\sin 2\alpha = 2\sin\alpha\cos\alpha$$
$$\cos 2\alpha = \cos^2\alpha - \sin^2\alpha$$

Diese Formeln kann man für Winkel zwischen 0° und 90° aus Abb. 61 entnehmen; dort ist beispielsweise

$$\sin\alpha = \frac{r}{\cos\beta} \quad \text{und} \quad \cos\alpha = \frac{s}{\sin\beta},$$

also

$$\sin(\alpha+\beta) = r + s$$
$$= \sin\alpha\cos\beta + \cos\alpha\sin\beta\,.$$

Statt im Gradmaß kann man Winkel auch im *Bogenmaß* angeben. Dies ist die Maßzahl der Länge des Bogens am Einheitskreis, den der Radius bei der Drehung um den entsprechenden Winkel überstreicht (Abb. 62 und Abb. 63).

Ein Grad entspricht dem 360-ten Teil von 2π (Umfang des Einheitskreises), also hat ein Winkel von a° das Bogenmaß

$$a \cdot \frac{2\pi}{360} = \frac{a\cdot\pi}{180} \approx 0{,}0174533 \cdot a\,.$$

In Abb. 64 sind auf der x-Achse das Bogenmaß und auf der y-Achse die zugehörigen Werte von sin und cos aufgetragen. Es entstehen die Graphen der *Sinusfunktion* $x \mapsto \sin x$ und der *Kosinusfunktion* $x \mapsto \cos x$. Diese Funktionen haben die Periode 2π, d.h. ihre Werte an den Stellen x und $x + 2\pi$ sind jeweils gleich.

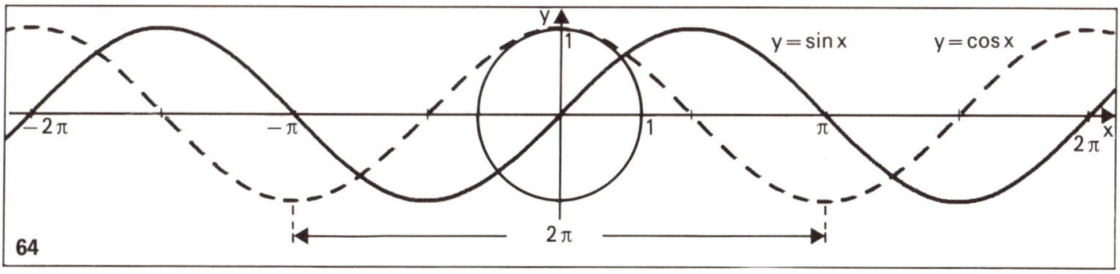

64

Der *Tangens* des Winkels x ist definiert durch

$$\tan x := \frac{\sin x}{\cos x}.$$

Die *Tangensfunktion* $x \mapsto \tan x$ ist nur für $x \neq \frac{\pi}{2} + z\pi$ ($z \in \mathbb{Z}$) definiert, denn an den Stellen $\frac{\pi}{2} + z\pi$ ($z \in \mathbb{Z}$) hat die Kosinusfunktion Nullstellen (Abb. 65). Aus der Tabelle in Abb. 60 erhält man die in Abb. 66 angegebenen Tangenswerte. Die Tangensfunktion hat die Periode π.

Die Funktion $x \mapsto \frac{\cos x}{\sin x}$ ist die *Kotangensfunktion* cot.

Es ist also

$$\cot x = \frac{1}{\tan x}.$$

Die Werte von tan und cot kann man gemäß Abb. 67 am Einheitskreis ablesen.

Die trigonometrischen Funktionen sind auf gewissen Intervallen umkehrbar (vgl. 3.2):

Die Umkehrung der Sinusfunktion auf $\left[-\frac{\pi}{2}; \frac{\pi}{2}\right]$ ist die *Arkussinusfunktion*

$$x \mapsto \arcsin x$$

mit der Definitionsmenge $[-1; 1]$ und der Wertemenge $\left[-\frac{\pi}{2}; \frac{\pi}{2}\right]$ (Abb. 68).

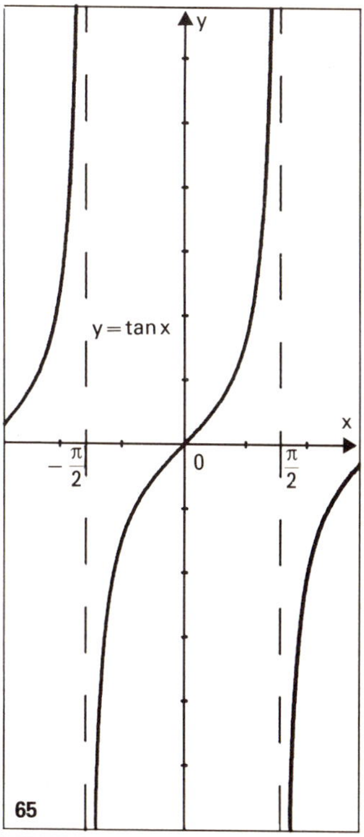

65

x	0	$\frac{1}{6}\pi$	$\frac{1}{4}\pi$	$\frac{1}{3}\pi$	$\frac{1}{2}\pi$
tan x	0	$\frac{1}{3}\sqrt{3}$	1	$\sqrt{3}$	∞
cot x	∞	$\sqrt{3}$	1	$\frac{1}{3}\sqrt{3}$	0

66

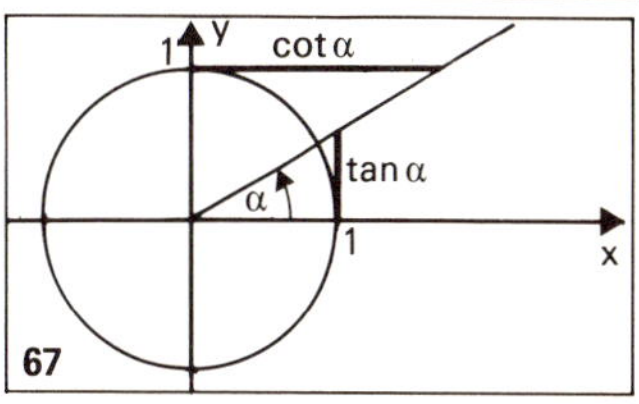

67

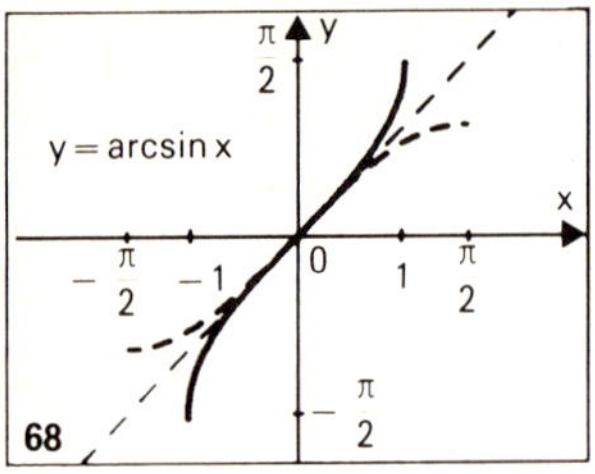

68

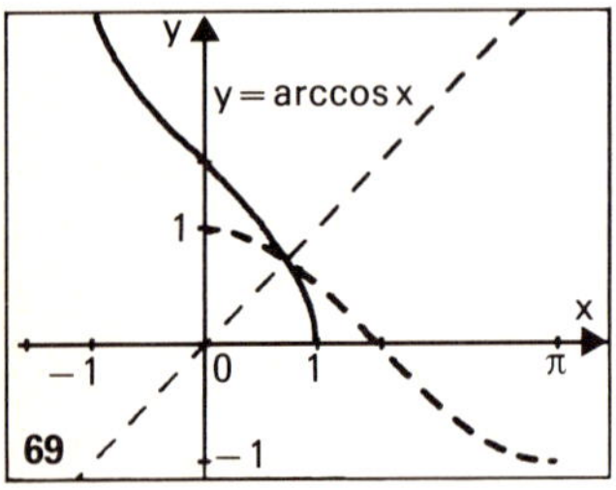

69

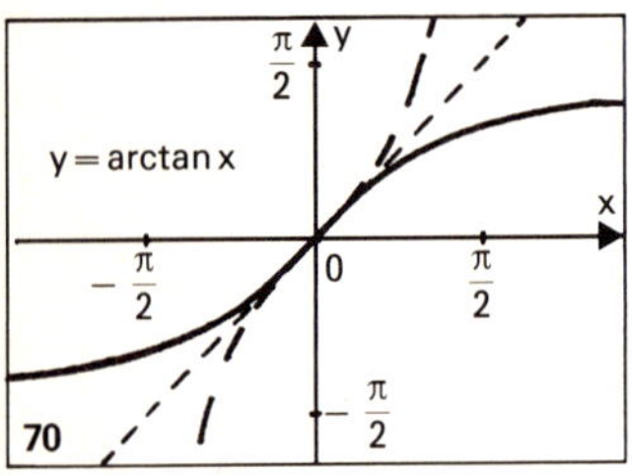

70

Die Umkehrung der Kosinusfunktion auf $[0; \pi]$ ist die *Arkuskosinusfunktion*

$$x \mapsto \arccos x$$

mit der Definitionsmenge $[-1; 1]$ und der Wertemenge $[0; \pi]$ (Abb. 69).

Die Umkehrung der Tangensfunktion auf $\left]-\frac{\pi}{2}; \frac{\pi}{2}\right[$ ist die *Arkustangensfunktion*

$$x \mapsto \arctan x$$

mit der Definitionsmenge $\mathbb{R}$ und der Wertemenge $\left]-\frac{\pi}{2}; \frac{\pi}{2}\right[$ (Abb. 70).

4 Grenzwerte von Funktionen; Stetigkeit

4.1 Grenzwerte von Funktionen

Die Funktion f sei in einer **Umgebung** $U(x_0)$ von x_0 definiert mit eventueller Ausnahme der Stelle x_0 selbst, ferner sei $c \in \mathbb{R}$. Gibt es zu jedem $\varepsilon > 0$ ein $\delta_\varepsilon > 0$ derart, daß

$$|f(x) - c| < \varepsilon$$

für alle $x \in U(x_0) \setminus \{x_0\}$ mit $|x - x_0| < \delta_\varepsilon$, dann heißt c der Grenzwert von f an der Stelle x_0 und man schreibt

$$\lim_{x \to x_0} f(x) = c.$$

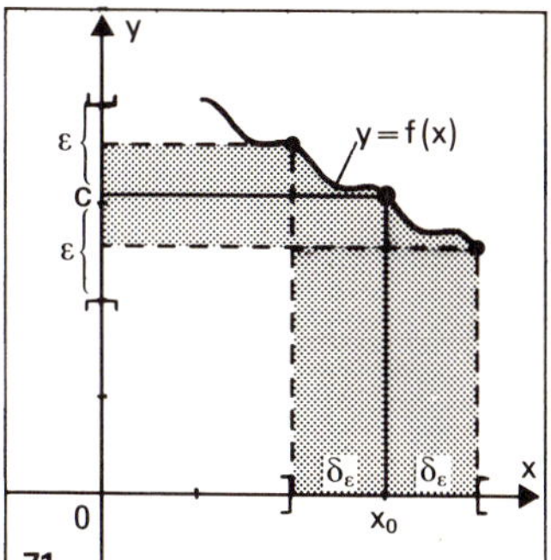

71

Anschaulich gesprochen bedeutet dies, daß der Funktionswert f(x) beliebig nahe bei c liegt, falls x hinreichend nahe bei x_0 gewählt wird (Abb. 71). Bei der Untersuchung des Grenzwerts $\lim\limits_{x \to x_0} f(x)$ spricht man auch kurz vom „Grenzübergang $x \to x_0$".
Ist f auch an der Stelle x_0 definiert und ist

$$\lim_{x \to x_0} f(x) = f(x_0),$$

dann heißt f *stetig* an der Stelle x_0 (vgl. 4.3).
Man kann den Funktionsgrenzwert auch mit Hilfe des Grenzwerts von Folgen (vgl. 2.3) definieren: Wenn für *jede* Folge $\langle x_n \rangle$ mit dem Grenzwert x_0, deren Glieder in $U(x_0) \setminus \{x_0\}$ liegen, die Folge $\langle f(x_n) \rangle$ zum Grenzwert c konvergiert, dann heißt c der Grenzwert von f an der Stelle x_0.
Läßt man bei dem Grenzübergang $x \to x_0$ nur Werte $x > x_0$ oder nur Werte $x < x_0$ zu, dann erhält man den Begriff des **einseitigen Grenzwerts** (vgl. Beispiele 2 und 3).

$\lim\limits_{x \to x_0^+} f(x) = c$ *rechtsseitiger Grenzwert*

$\lim\limits_{x \to x_0^-} f(x) = c$ *linksseitiger Grenzwert*

Genau dann existiert der Grenzwert an der Stelle x_0, wenn sowohl der linksseitige als auch der rechtsseitige Grenzwert existieren und beide den gleichen Wert haben.

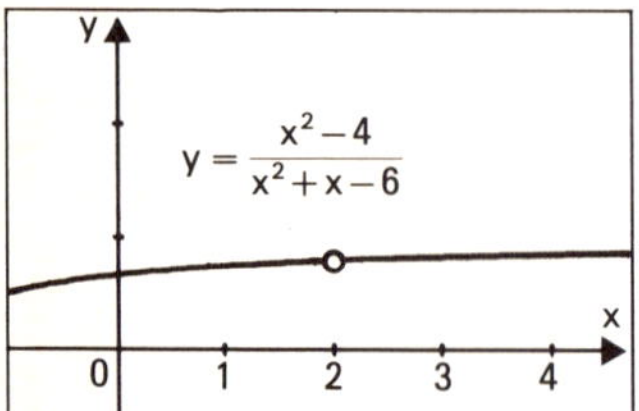

72

x	f(x)	
1,9	0,79592	
1,95	0,79798	
1,99	0,79960	
1,999	0,79996	←!
2,001	0,80004	
2,01	0,80040	
2,05	0,80198	
2,1	0,80392	

73

Beispiel 1: Die Funktion $f\colon x \mapsto \frac{x^2-4}{x^2+x-6}$ ist an der Stelle 2 nicht definiert, weil dort das Nennerpolynom eine Nullstelle hat. Anhand des Graphen von f (Abb. 72) bzw. einer Wertetabelle (Abb. 73) gewinnt man die Vermutung, daß

$$\lim_{x\to 2} \frac{x^2-4}{x^2+x-6} = \frac{4}{5}.$$

Dies wollen wir beweisen: Für $x \neq 2$ ist

$$\left|\frac{x^2-4}{x^2+x-6} - \frac{4}{5}\right| = \left|\frac{(x-2)(x+2)}{(x-2)(x+3)} - \frac{4}{5}\right|$$
$$= \left|\frac{x+2}{x+3} - \frac{4}{5}\right| = \left|\frac{x-2}{5(x+3)}\right|.$$

Für $x>0$ und $x \neq 2$ ergibt sich wegen $\frac{1}{5(x+3)} < \frac{1}{15}$

$$\left|\frac{x^2-4}{x^2+x-6} - \frac{4}{5}\right| < \frac{1}{15} \cdot |x-2|.$$

Um den Term auf der linken Seite kleiner als ε zu machen, wählt man x so, daß $|x-2| < 15 \cdot \varepsilon$ ist. Mit $\delta_\varepsilon = 15 \cdot \varepsilon$ gilt daher:

$$\left|f(x) - \frac{4}{5}\right| < \varepsilon, \quad \text{falls } |x-2| < \delta_\varepsilon.$$

Beispiel 2: Der Grenzwert $\lim_{x\to 0} \frac{x}{|x|}$ existiert nicht, denn es ist

$$\lim_{x\to 0+} \frac{x}{|x|} = 1 \quad \text{und} \quad \lim_{x\to 0-} \frac{x}{|x|} = -1.$$

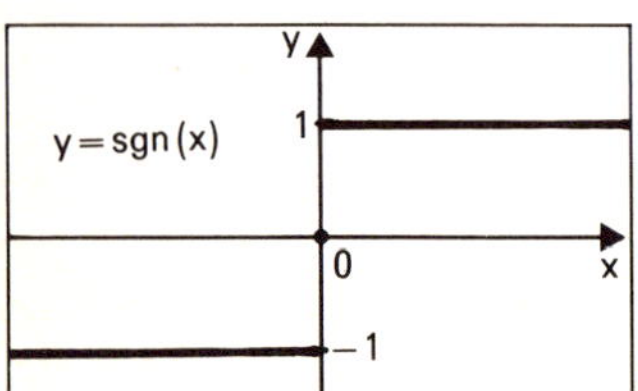

74

Die Funktion sgn mit $\operatorname{sgn}(0)=0$ und $\operatorname{sgn}(x) = \frac{x}{|x|}$ für $x \neq 0$ ist die *Signumfunktion* (Abb. 74).

Beispiel 3: Die Funktion $f\colon x \mapsto 2^{\frac{1}{x}}$ ist an der Stelle 0 nicht definiert. Für negative Werte von x, die sehr nahe bei 0 liegen, liegt auch f(x) sehr nahe bei 0. Beispielsweise ist

$$f\left(-\frac{1}{100}\right)=2^{-100}=\frac{1}{2^{100}}\approx 8\cdot 10^{-31}.$$

Es gilt

$$\lim_{x\to 0^-} f(x)=0.$$

Dagegen existiert der rechtsseitige Grenzwert an der Stelle 0 nicht: Nähert sich x durch positive Werte der Stelle 0, dann wächst f(x) über jede Schranke. Beispielsweise ist

$$f\left(\frac{1}{100}\right)=2^{100}\approx 1{,}3\cdot 10^{30}.$$

Man schreibt diesen Sachverhalt in der Form

$$\lim_{x\to 0^+} f(x)=+\infty.$$

Insbesondere erkennt man, daß der Grenzwert von f an der Stelle 0 nicht existiert. In Abb. 75 ist der Graph von f gezeichnet.

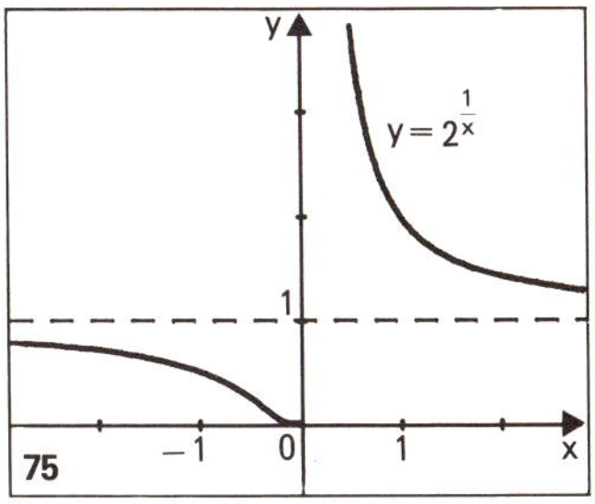

75

Beispiel 4: Es soll die Grenzwertbeziehung

$$\lim_{x\to 0}\frac{\sin x}{x}=1$$

bewiesen werden. Durch Vergleich der Flächeninhalte in Abb. 76 erhält man für $0<x<\frac{\pi}{2}$

$$\frac{\sin x\cdot\cos x}{2}<\frac{x}{2}<\frac{\tan x}{2}.$$

Kürzt man durch $\frac{1}{2}\sin x$, dann ergibt sich

$$\cos x<\frac{x}{\sin x}<\frac{1}{\cos x}$$

bzw.

$$\frac{1}{\cos x}>\frac{\sin x}{x}>\cos x.$$

Dies gilt ebenso für $-\frac{\pi}{2}<x<0$. Aus

$$\lim_{x\to 0}\cos x=\cos 0=1$$

folgt nun die Behauptung.

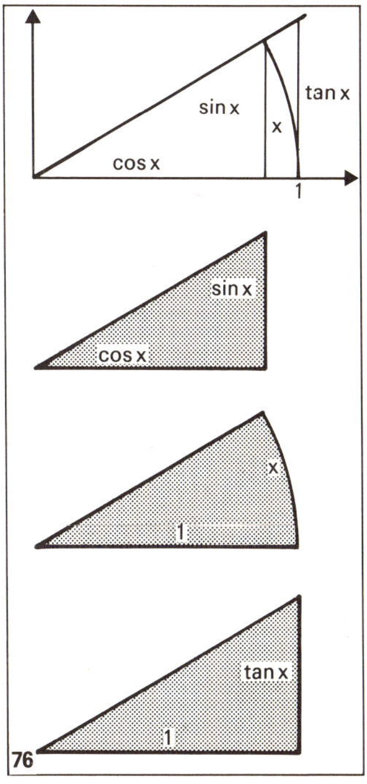

76

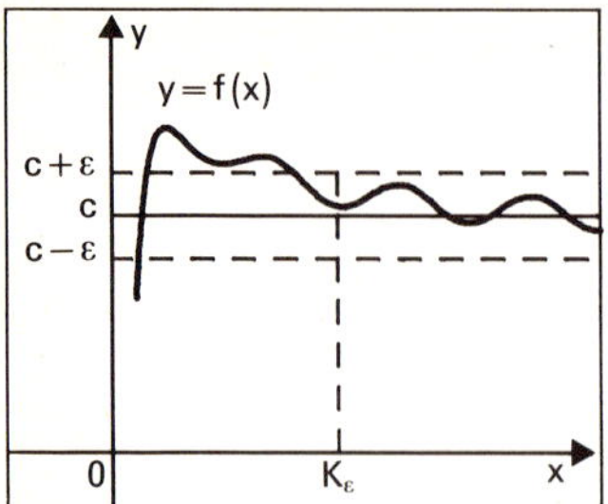

77

Zur Berechnung von Funktionsgrenzwerten erweisen sich häufig die *Regeln von de l'Hospital* (vgl. 6.4) als nützlich.

Ist f auf einer Halbgeraden $[a, \infty[$ definiert, so kann man auch Grenzwerte für den Grenzübergang $x \to \infty$ betrachten (vgl. Abb. 77):

> Die Funktion f sei auf $[a, \infty[$ definiert, ferner sei $c \in \mathbb{R}$. Gibt es zu jedem $\varepsilon > 0$ ein $K_\varepsilon > a$ derart, daß
>
> $$|f(x) - c| < \varepsilon$$
>
> für alle $x > K_\varepsilon$, dann heißt c der Grenzwert von f für $x \to \infty$ („x gegen unendlich") und man schreibt
>
> $$\lim_{x \to \infty} f(x) = c.$$
>
> Analog ist der Grenzwert für $x \to -\infty$ definiert.

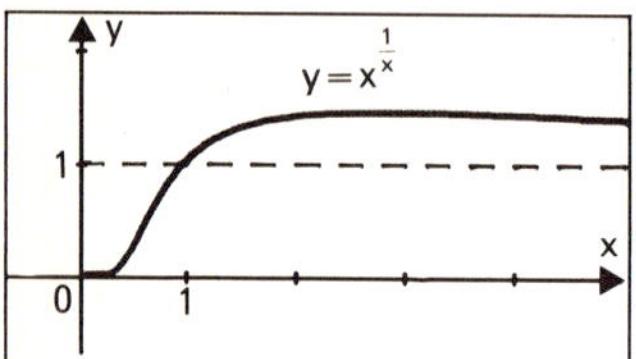

x	$x^{\frac{1}{x}}$
10	1,26
100	1,047
1000	1,0069
10000	1,00092

78

Beispiel 5: Es gilt $\lim\limits_{x \to \infty} \frac{x+5}{2x-7} = \frac{1}{2}$, denn

$$\left|\frac{x+5}{2x-7} - \frac{1}{2}\right| = \left|\frac{6}{2x-7}\right| < \varepsilon$$

$$\text{für } x > \frac{6+7\varepsilon}{2\varepsilon} = \frac{3}{\varepsilon} + 3{,}5.$$

Beispiel 6: Es gilt $\lim\limits_{x \to \infty} x^{\frac{1}{x}} = 1$, wie man anhand des Graphen von $x \mapsto x^{\frac{1}{x}}$ oder anhand der Wertetafel (Abb. 78) vermuten kann. Ein Beweis dieser Grenzwertbeziehung ergibt sich mit Hilfe der *Regel von de l'Hospital* (6.4).

4.2 Asymptotisches Verhalten von Funktionen

Möchte man das Verhalten der Funktionen f und g mit $[a, \infty[\subseteq D_f \cap D_g$ für den Grenzübergang $x \to \infty$ vergleichen, so kann man den Grenzwert

$$\lim_{x \to \infty} (f(x) - g(x))$$

oder auch den Grenzwert $\lim\limits_{x \to \infty} \frac{f(x)}{g(x)}$

betrachten. (Analog kann man das Verhalten von Funktionen für Grenzübergänge der Art $x \to x_0$ oder $x \to -\infty$ vergleichen.)

> Ist $\lim\limits_{x\to\infty} (f(x)-g(x))=0$, dann ist der Graph von f eine *asymptotische Linie* des Graphen von g und umgekehrt. Stellt insbesondere g eine Gerade dar, dann heißt diese eine *Asymptote* des Graphen von f.

Beispiel 1: Um das asymptotische Verhalten der gebrochenrationalen Funktion

$$f\colon x \mapsto \frac{x^3-2x^2-x+3}{x^2-1}$$

zu untersuchen, stellen wir den Funktionsterm in der Form

$$f(x)=x-2+\frac{1}{x^2-1}$$

dar (vgl. 3.3). Dann ist

$$\lim_{x\to\infty} (f(x)-(x-2)) = \lim_{x\to\infty} \frac{1}{x^2-1} = 0.$$

Also ist die Gerade

$$g\colon y=x-2$$

eine Asymptote des Graphen von f (Abb. 79). Der Graph von f besitzt ferner Polasymptoten an den Stellen -1 und 1.

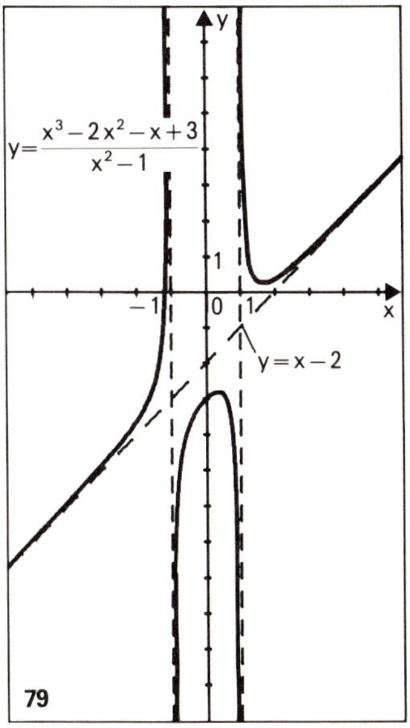

79

Beispiel 2: Die gebrochenrationale Funktion

$$f\colon x \mapsto \frac{x^5-x+1}{x^3+x}$$

hat als asymptotische Linie die Parabel mit der Gleichung $y=x^2-1$ (vgl. 3.3, Beispiel 3).

> Ist $\lim\limits_{x\to\infty} \frac{f(x)}{g(x)}=0$, so sagt man, f sei für $x\to\infty$ *von kleinerer Größenordnung* als g.

Beispiel 3: Die Funktion $x \mapsto x^2$ ist von kleinerer Größenordnung als die Funktion $x \mapsto 2^x$, denn es gilt

$$\lim_{x \to \infty} \frac{x^2}{2^x} = 0.$$

Zum Beweis dieser Grenzwertbeziehung zeigen wir zunächst mit vollständiger Induktion (vgl. 2.2), daß

$$n^2 < (1{,}5)^n \quad \text{für alle } n \in \mathbb{N} \text{ mit } n \geq 13.$$

Zunächst gilt

$$169 = 13^2 < (1{,}5)^{13} = 194{,}619\ldots.$$

Aus $n^2 < (1{,}5)^n$ für ein $n \in \mathbb{N}$ mit $n \geq 13$ ergibt sich

$$(n+1)^2 = n^2 \cdot \left(\frac{n+1}{n}\right)^2 < (1{,}5)^n \cdot \left(1 + \frac{1}{n}\right)^2$$
$$< (1{,}5)^n \cdot 1{,}5 = (1{,}5)^{n+1}.$$

Aus der damit bewiesenen Ungleichung erhält man

$$\frac{n^2}{2^n} < (0{,}75)^n \quad \text{für alle } n \in \mathbb{N} \text{ mit } n \geq 13.$$

Daraus folgt $\lim_{n \to \infty} \frac{n^2}{2^n} = 0$. Die behauptete Grenzwertbeziehung ergibt sich aus der Ungleichung

$$\frac{x^2}{2^x} \leq 2 \cdot \frac{n^2}{2^n} \quad \text{mit } n = [x] + 1,$$

wobei die eckigen Klammern die **Ganzteilfunktion** bezeichnen.
Auf ähnliche Art oder einfacher mit Hilfe der *Regel von de l'Hospital* (vgl. 6.4) lassen sich folgende Aussagen beweisen (vgl. Abb. 80):

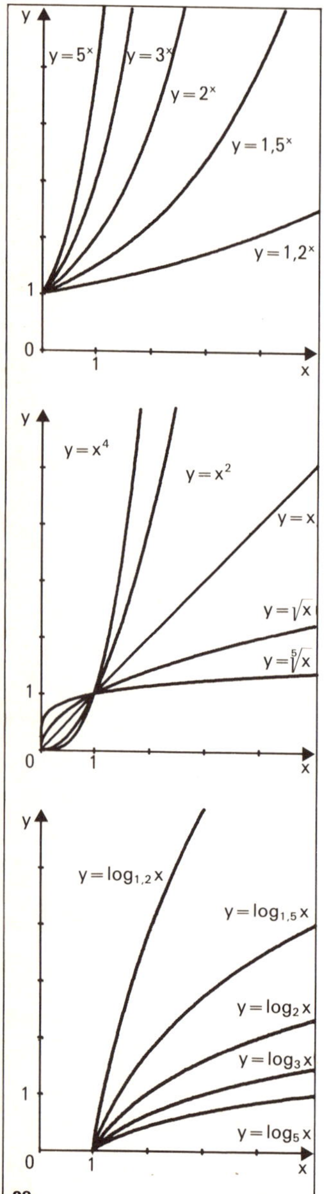

80

Die Potenzfunktion $x \mapsto x^\alpha$ mit $\alpha > 0$ wachsen für $x \to \infty$ von geringerer Größenordnung als die Exponentialfunktionen $x \mapsto \beta^x$ mit $\beta > 1$. Es gilt also

$$\lim_{x \to \infty} \frac{x^\alpha}{\beta^x} = 0.$$

Die Logarithmusfunktionen $x \mapsto \log_\beta x$ mit $\beta > 1$ wachsen für $x \to \infty$ von geringerer Größenordnung als die Potenzfunktionen $x \mapsto x^\alpha$ mit $\alpha > 0$. Es gilt also

$$\lim_{x \to \infty} \frac{\log_\beta x}{x^\alpha} = 0.$$

4.3 Stetige Funktionen

Für den Begriff der Stetigkeit einer Funktion an einer Stelle x_0 gibt es mehrere zueinander äquivalente Definitionen. Im folgenden sei f eine Funktion, I ein offenes Intervall mit $I \subseteq D_f$ und $x_0 \in I$.

(1) Die Funktion f heißt *stetig* an der Stelle x_0, wenn

$$\lim_{x \to x_0} f(x) = f(x_0).$$

(2) Die Funktion f heißt *stetig* an der Stelle x_0, wenn für jede Folge $\langle x_n \rangle$ aus I mit dem Grenzwert x_0 gilt:

$$\lim_{n \to \infty} f(x_n) = f(x_0).$$

(3) Die Funktion f heißt *stetig* an der Stelle x_0, wenn für jedes $\varepsilon > 0$ ein $\delta > 0$ derart existiert, daß

$$|f(x) - f(x_0)| < \varepsilon$$

für alle $x \in I$ mit $|x - x_0| < \delta$.

(4) Die Funktion f heißt *stetig* an der Stelle x_0, wenn zu jeder ε-Umgebung von $f(x_0)$ eine δ-Umgebung von x_0 existiert, deren Bild unter f ganz in der vorgegebenen ε-Umgebung von $f(x_0)$ liegt (Abb. 81).

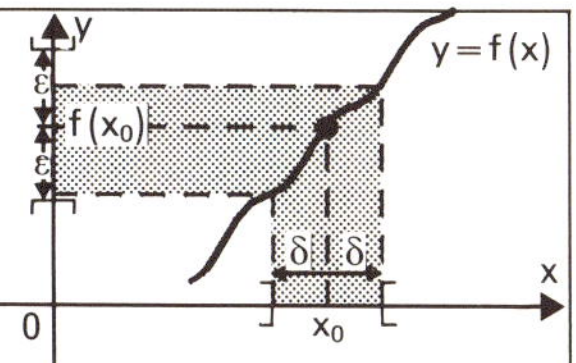

81

Man beachte, daß man von Stetigkeit oder Unstetigkeit einer Funktion nur an einer solchen Stelle sprechen kann, an der die Funktion definiert ist. Es stellt sich also nicht die Frage, ob die Funktion $x \mapsto \frac{1}{x}$ an der Stelle 0 stetig ist, da sie dort nicht definiert ist.

Die Stetigkeit einer Funktion läßt sich sehr anschaulich interpretieren: Liegt x nahe bei x_0, so liegt f(x) nahe bei $f(x_0)$; geringe Änderungen der Variablen bewirken auch nur geringe Änderungen der Funktionswerte.

Ist f an jeder Stelle aus dem Intervall I stetig, so heißt f *stetig auf I.*

Die Stetigkeit einer Funktion in einem Randpunkt des Definitionsbereichs definiert man mit Hilfe **einseitiger**

Grenzwerte (vgl. 4.1), also durch

$$\lim_{x\to x_0^-} f(x)=f(x_0) \quad \text{bzw.} \quad \lim_{x\to x_0^+} f(x)=f(x_0).$$

Den Graph einer auf I stetigen Funktion kann man sich „ohne abzusetzen" gezeichnet denken; diese anschauliche Vorstellung wird jedoch dem Begriff der Stetigkeit nicht voll gerecht, da es stetige Funktionen gibt, deren Graphen über einem beschränkten Intervall man nicht zeichnen kann (vgl. Beispiel 3).

Beispiel 1: Die Funktion $f\colon x \mapsto x^2$ ist offensichtlich auf $D_f = \mathbb{R}$ stetig. Wir wollen abschätzen, wie stark sich der Funktionswert an der Stelle $x_0 = 7$ ändert, wenn man von x_0 geringfügig abweicht; wir betrachten Werte $x \in [6; 8]$:

$$|x^2 - 7^2| = |x+7| \cdot |x-7| \leq 15 \cdot |x-7|.$$

Soll die Abweichung $|f(x) - f(7)|$ kleiner als ε sein, dann erreicht man dies dadurch, daß man die Abweichung $|x-7|$ kleiner als $\frac{1}{15} \cdot \varepsilon$ wählt.

Beispiel 2: Die **Ganzteilfunktion** $f\colon x \mapsto [x]$ ist unstetig an der Stelle 7, denn

$$\lim_{x\to 7^-} f(x) = 6 \neq 7 = \lim_{x\to 7^+} f(x);$$

diese einseitigen Grenzwerte stimmen nicht überein, also existiert der Grenzwert $\lim\limits_{x\to 7} f(x)$ nicht. Durch Verkettung der Ganzteilfunktion mit anderen Funktionen kann man interessante **Treppenfunktionen** konstruieren (Abb. 82); die **Unstetigkeitsstellen** solcher Treppenfunktionen sind **Sprungstellen.**

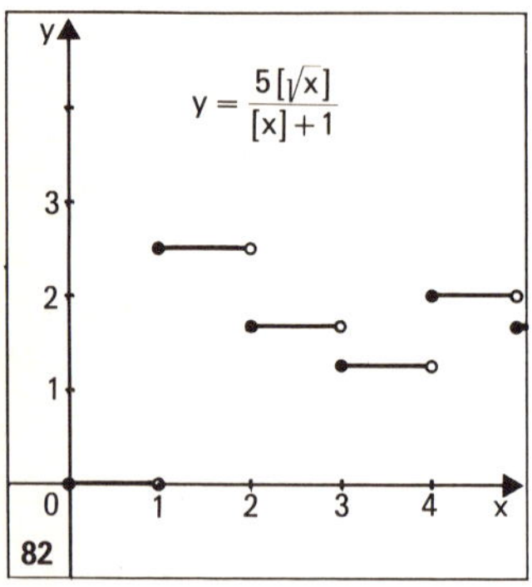

82

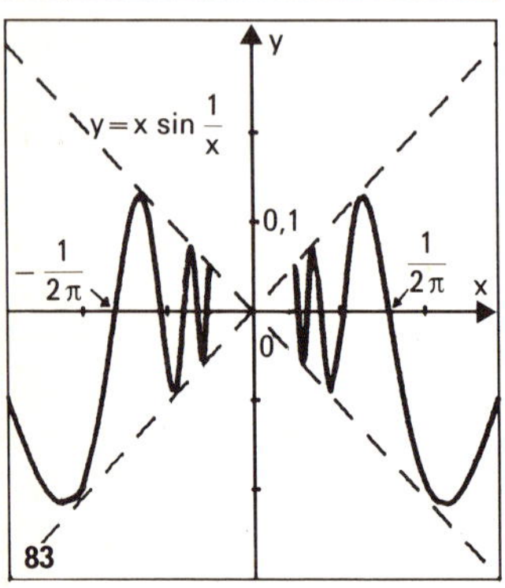

83

Beispiel 3: Die Funktion f sei auf $\mathbb{R}$ definiert durch

$$f(x) = \begin{cases} x \sin \frac{1}{x} & \text{für } x \neq 0 \\ 0 & \text{für } x = 0 \end{cases}.$$

Diese Funktion ist an der Stelle 0 stetig, denn

$$\lim_{x\to 0} x \sin \frac{1}{x} = 0.$$

Es ist aber nicht möglich, den Graph von f in einem Intervall I mit $0 \in I$ vollständig zu zeichnen (Abb. 83).

Die **Struktursätze** *für stetige Funktionen* besagen, daß Summe, Produkt und Verkettung zweier stetiger Funktionen wieder stetig sind, und daß die Kehrfunktion $\frac{1}{f}$

sowie die **Umkehrfunktion** f^{-1} einer stetigen Funktion f wieder stetig sind, sofern diese Funktionen existieren.

Aus der Stetigkeit der konstanten Funktionen $x \mapsto a$ ($a \in \mathbb{R}$) und der identischen Funktion $x \mapsto x$ folgt nun die Stetigkeit der rationalen Funktionen an allen Stellen ihrer Definitionsmenge. Ferner ergibt sich die Stetigkeit der Wurzelfunktionen. Aus den Struktursätzen folgt beispielsweise die Stetigkeit der Funktion

$$x \mapsto \sqrt[7]{\frac{x^5+x}{\sqrt[3]{x^8-2}} + \sqrt[8]{\left(\frac{x^7-17}{\sqrt[15]{x^4}}\right)^3}}$$

in ihrer gesamten Definitionsmenge.

Die Stetigkeit der Sinusfunktion ergibt sich aus der Beziehung

$$|\sin x - \sin x_0| \leq |x - x_0|$$

(Abb. 84). Wegen $\cos x = \sin\left(x + \frac{\pi}{2}\right)$ und $\tan x = \frac{\sin x}{\cos x}$ sind auch die übrigen trigonometrischen Funktionen und dann auch ihre Umkehrfunktionen (Arkusfunktionen) stetig.

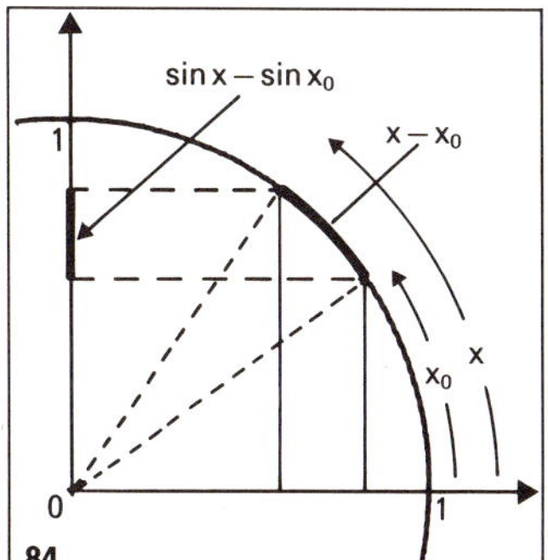

84

Aus der Stetigkeit der Exponentialfunktion $x \mapsto e^x$ erhält man die Stetigkeit *aller* Exponentialfunktionen und *aller* Logarithmusfunktionen. Denn für $q > 0$ ist

$$q^x = (e^{\ln q})^x = e^{(\ln q) \cdot x}$$

und

$$\log_q x = \log_q e \cdot \ln x .$$

Stetige Funktionen auf abgeschlossenen Intervallen haben folgende bemerkenswerte Eigenschaften:

Satz vom absoluten Maximum (Minimum): Ist die Funktion f auf dem Intervall [a; b] stetig, dann gibt es Stellen $u, v \in [a; b]$ mit

$$f(x) \leq f(u) \quad \text{für alle } x \in [a; b]$$

und

$$f(x) \geq f(v) \quad \text{für alle } x \in [a; b].$$

Man schreibt

$$f(u) = \max_{[a;b]} f(x), \quad f(v) = \min_{[a;b]} f(x)$$

und nennt f(u) das (absolute) Maximum und f(v) das (absolute) Minimum von f auf [a; b] (Abb. 85).

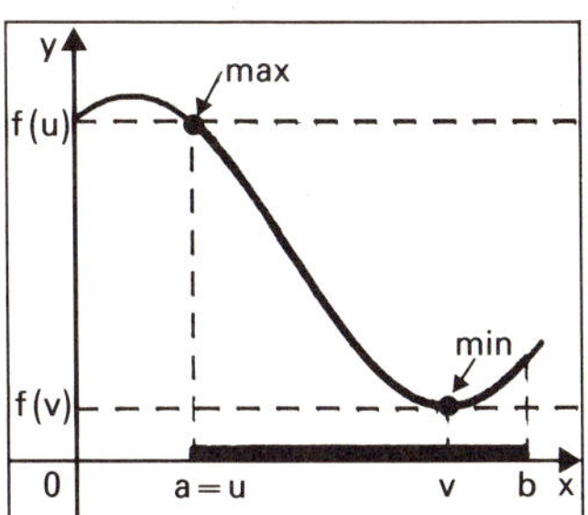

85

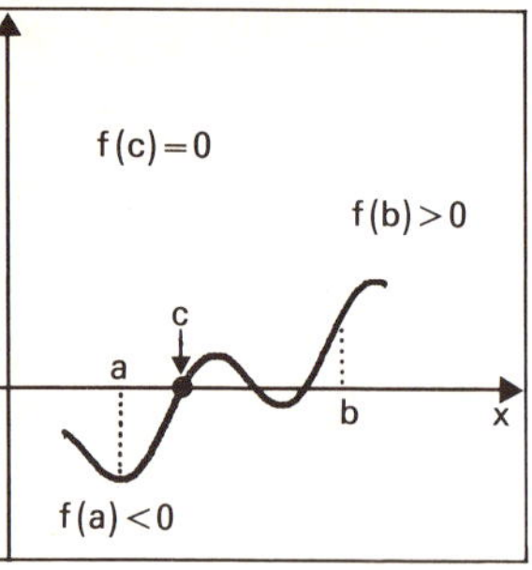

86

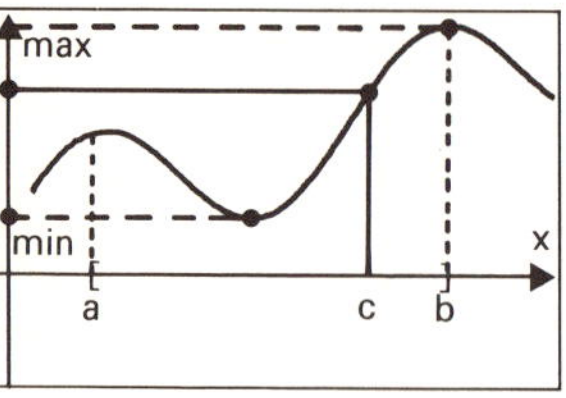

87

Nullstellensatz: Ist die Funktion f auf dem Intervall [a; b] stetig und gilt $f(a)f(b)<0$ (haben f(a) und f(b) also verschiedene Vorzeichen), dann gibt es (mindestens) eine Stelle $c \in]a;b[$ mit $f(c)=0$ (Abb. 86).

Als Verallgemeinerung des Nullstellensatzes gilt:

Zwischenwertsatz: Ist die Funktion f auf [a; b] stetig und gilt

$$\min_{[a;b]} f(x) \leq d \leq \max_{[a;b]} f(x),$$

dann gibt es eine Stelle $c \in [a;b]$ mit $f(c)=d$ (Abb. 87).

In den Beweis dieser Sätze geht wesentlich ein, daß die Menge $\mathbb{R}$ der reellen Zahlen **vollständig** ist.
Den Nullstellensatz benutzt man, um die Lösbarkeit komplizierter Gleichungen zu beweisen.

Beispiel 4: Die Gleichung

$$x^4+2x^3-x^2+7x-19=0$$

besitzt mindestens eine Lösung zwischen 1 und 2. Denn für $f(x):=x^4+2x^3-x^2+7x-19$ gilt $f(1)=-10$ und $f(2)=33$, so daß nach dem Nullstellensatz ein $c \in]1;2[$ mit $f(c)=0$ existiert.

Beispiel 5: Jede Polynomfunktion (vgl. 3.3) von *ungeradem* Grad besitzt mindestens eine Nullstelle in $\mathbb{R}$. Dies kann man mit Hilfe des Nullstellensatzes beweisen: Es sei n ungerade und

$$f(x)=a_n x^n + a_{n-1} x^{n-1} + \ldots + a_1 x + a_0.$$

Wegen $a_n \neq 0$ können wir die Gleichung $f(x)=0$ durch a_n dividieren; daher nehmen wir gleich $a_n=1$ an. Zunächst gilt

$$f(x)=x^n \cdot \left(1+\frac{a_{n-1}}{x}+\ldots+\frac{a_1}{x^{n-1}}+\frac{a_0}{x^n}\right).$$

Ist g(x) der Term in der Klammer, dann ist

$$\lim_{x\to-\infty} g(x) = \lim_{x\to\infty} g(x)=1.$$

Also gibt es eine Zahl $M>0$ mit $g(x) \geq \frac{1}{2}$ für $|x| \geq M$. Nun gilt

$$f(-M) \leq \frac{1}{2}(-M)^n < 0$$

und

$$f(M) \geq \frac{1}{2} M^n > 0.$$

Nach dem Nullstellensatz gibt es also eine Stelle $c \in]-M; M[$ mit $f(c)=0$. (Vgl. auch Abb. 88.)

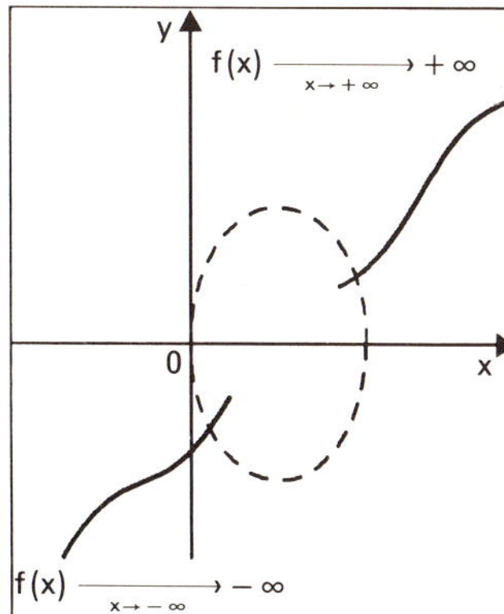

Weil f stetig ist, muß der Graph von f die x-Achse schneiden.

88

5 Differentialrechnung

5.1 Der Begriff der Ableitung

Im folgenden sei f eine Funktion, I ein offenes Intervall mit $I \subseteq D_f$ und $x_0 \in I$.

> Wenn der Grenzwert
>
> $$\lim_{x \to x_0} \frac{f(x) - f(x_0)}{x - x_0}$$
>
> existiert, dann heißt f an der Stelle x_0 *differenzierbar* und dieser Grenzwert heißt die *Ableitung* oder der *Differentialquotient* von f an der Stelle x_0. Man bezeichnet diese Ableitung mit
>
> $$f'(x_0) \quad \text{oder} \quad \frac{df}{dx}(x_0).$$

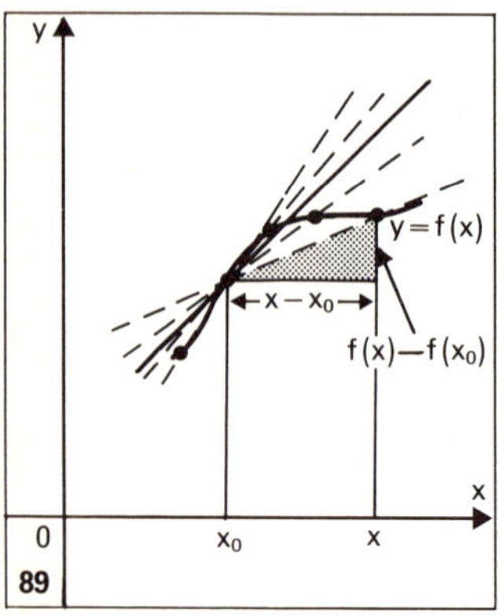

89

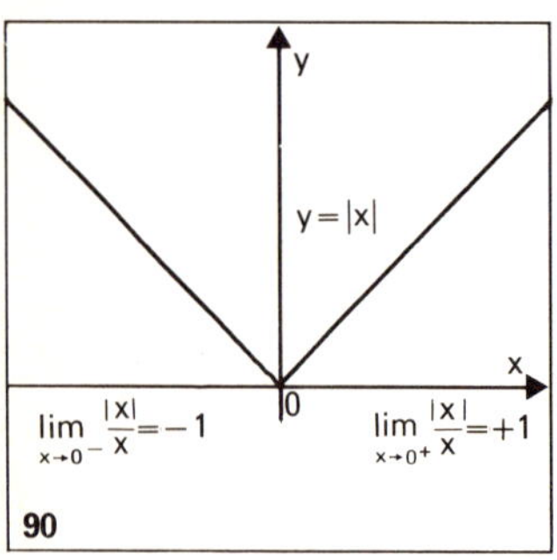

90

Die Ableitung gibt die *Steigung* des Funktionsgraphen an der Stelle x_0 an. Denn der *Differenzenquotient*

$$\frac{f(x) - f(x_0)}{x - x_0} \quad (x, x_0 \in D_f, x \neq x_0)$$

ist die Steigung der Sekante durch die Punkte $(x \mid f(x))$ und $(x_0 \mid f(x_0))$ (vgl. Abb. 89). Bei dem Grenzübergang $x \to x_0$ geht diese Sekante in die Tangente an der Stelle x_0 über.

Gibt x eine Zeitdauer an, ist also f(x) eine Funktion der Zeit, dann ist $f'(x_0)$ die Änderungsgeschwindigkeit **(lokale Änderungsrate)** von f an der Stelle x_0. Mißt f(x) insbesondere den zurückgelegten Weg, dann gibt $f'(x_0)$ die Geschwindigkeit zum Zeitpunkt x_0 (Momentangeschwindigkeit) an.

Ist f an der Stelle x_0 differenzierbar, dann ist f dort auch stetig (vgl. 4.3). Die Umkehrung dieser Aussage ist nicht richtig. Beispielsweise ist die Betragsfunktion an der Stelle 0 stetig, aber nicht differenzierbar (Abb. 90).

Beispiel 1: Für $f(x)=x^2$ gilt $f'(x_0)=2x_0$. Denn

$$\lim_{x\to x_0}\frac{x^2-x_0^2}{x-x_0}=\lim_{x\to x_0}(x+x_0)=2x_0.$$

Vgl. hierzu Abb. 91.

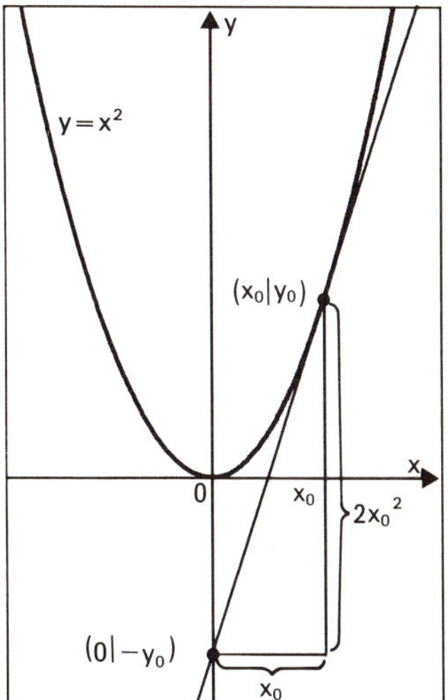

91

Beispiel 2: Die Funktion $f\colon x\mapsto\frac{1}{x-2}$ ist an der Stelle $x_0\in D_f$ differenzierbar und es gilt $f'(x_0)=-\frac{1}{(x_0-2)^2}$.

Denn für $x, x_0\in D_f$ mit $x\neq x_0$ gilt

$$\frac{\frac{1}{x-2}-\frac{1}{x_0-2}}{x-x_0}=\frac{x_0-x}{(x-x_0)(x-2)(x_0-2)}$$
$$=-\frac{1}{(x-2)(x_0-2)}.$$

Der Grenzübergang $x\to x_0$ liefert nun den angegebenen Wert von $f'(x_0)$.

Beispiel 3: Die Funktion $f\colon x\mapsto\sqrt[3]{x}$ ist an der Stelle $x_0>0$ differenzierbar und es gilt $f'(x_0)=\frac{1}{3\sqrt[3]{x_0^2}}$. Denn für $x, x_0>0$ mit $x\neq x_0$ gilt

$$\frac{\sqrt[3]{x}-\sqrt[3]{x_0}}{x-x_0}=\frac{\sqrt[3]{x}-\sqrt[3]{x_0}}{(\sqrt[3]{x})^3-(\sqrt[3]{x_0})^3}$$
$$=\frac{1}{(\sqrt[3]{x})^2+\sqrt[3]{x}\cdot\sqrt[3]{x_0}+(\sqrt[3]{x_0})^2}.$$

Dabei haben wir die Formel

$$a^3-b^3=(a-b)(a^2+ab+b^2)$$

benutzt. Der Grenzübergang $x\to x_0$ liefert nun den angegebenen Wert von $f'(x_0)$.

Beispiel 4: Die Ableitung von sin an der Stelle 0 ist 1, denn für $x\neq 0$ ist

$$\frac{\sin x-\sin 0}{x-0}=\frac{\sin x}{x},$$

und nach Beispiel 3 in 4.1 gilt

$$\lim_{x\to 0}\frac{\sin x}{x}=1.$$

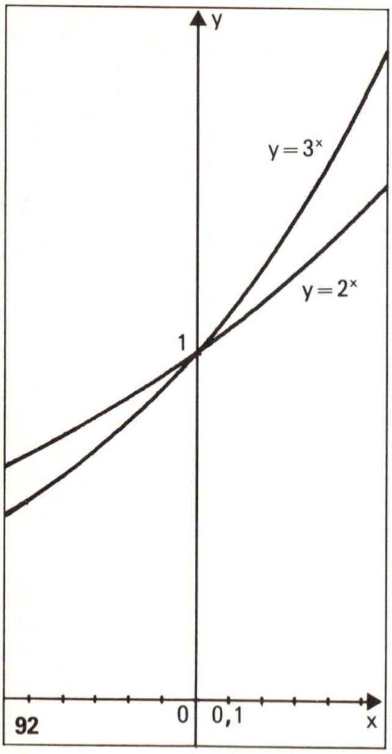

Beispiel 5: Die Exponentialfunktion $x \mapsto q^x$ $(q > 0)$ ist an der Stelle 0 differenzierbar, was durch Betrachtung des Graphen plausibel wird. Die Steigung von $x \mapsto 2^x$ an der Stelle 0 ist kleiner als 1, die Steigung von $x \mapsto 3^x$ ist größer als 1. Zwischen 2 und 3 liegt eine Zahl e, so daß die Steigung von $x \mapsto e^x$ gleich 1 ist. Wir wollen plausibel machen, daß dies die **Eulersche Zahl** ist, also

$$e = \lim_{n \to \infty} \left(1 + \frac{1}{n}\right)^n = 2{,}71828\ldots .$$

Gilt

$$\lim_{x \to 0} \frac{e^x - e^0}{x - 0} = \lim_{x \to 0} \frac{e^x - 1}{x} = 1,$$

dann gilt insbesondere

$$\lim_{n \to \infty} \frac{e^{\frac{1}{n}} - 1}{\frac{1}{n}} = 1.$$

Für hinreichend große n ist daher

$$\frac{e^{\frac{1}{n}} - 1}{\frac{1}{n}} \approx 1$$

und somit

$$e^{\frac{1}{n}} \approx 1 + \frac{1}{n},$$

also

$$e \approx \left(1 + \frac{1}{n}\right)^n.$$

Für die natürliche Exponentialfunktion (vgl. 3.5) $\exp: x \mapsto e^x$ gilt damit $\exp'(0) = 1$.

Beispiel 6: Die natürliche Exponentialfunktion $\exp: x \mapsto e^x$ (vgl. Beispiel 5) ist an jeder Stelle $x_0 \in \mathbb{R}$ differenzierbar und es gilt

$$\exp'(x_0) = \exp x_0 .$$

Es gilt nämlich

$$\lim_{x \to x_0} \frac{e^x - e^{x_0}}{x - x_0} = \lim_{x \to x_0} e^{x_0} \cdot \frac{e^{x - x_0} - 1}{x - x_0} = e^{x_0} \cdot \lim_{h \to 0} \frac{e^h - 1}{h}$$

und $\lim_{h \to 0} \frac{e^h - 1}{h} = 1$ gemäß Beispiel 5.

5.2 Tangentengleichungen; lineare Approximation

Ist f an der Stelle x_0 differenzierbar, dann heißt die Gerade t mit der Gleichung

$$\frac{y-f(x_0)}{x-x_0}=f'(x_0)$$

bzw.

$$y=f(x_0)+f'(x_0)(x-x_0)$$

die *Tangente* an den Graph von f an der Stelle x_0 (Abb. 93).

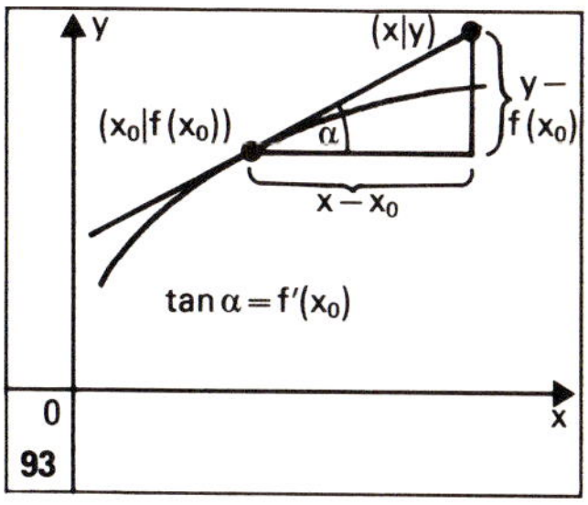

93

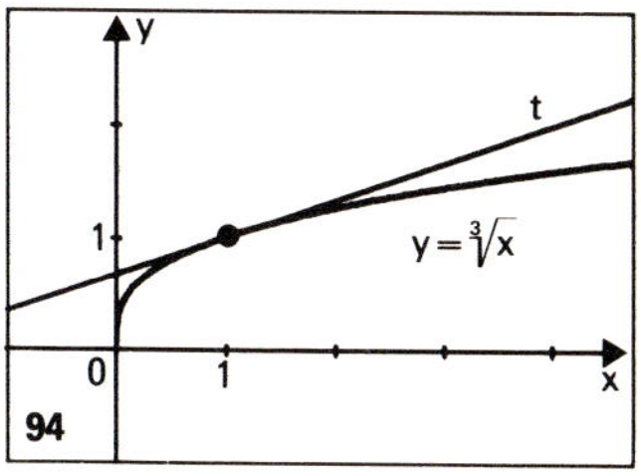

94

Beispiel 1: Die Tangente an den Graph von f: $x \mapsto \sqrt[3]{x}$ an der Stelle 1 (Abb. 94) hat wegen $f(1)=1$ und $f'(1)=\frac{1}{3}$ (vgl. Beispiel 2 in 5.1) die Gleichung

$$t: y = 1 + \frac{1}{3}(x-1)$$

bzw.

$$t: y = \frac{1}{3}x + \frac{2}{3}.$$

Unterscheidet sich x nur sehr wenig von x_0, dann sind die Werte der Tangentenfunktion auch nur sehr wenig von den Werten von f verschieden.

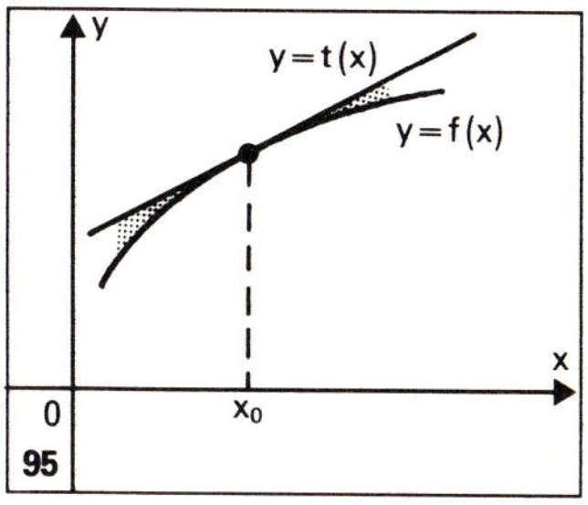

95

Lineare Approximation: Ist f differenzierbar an der Stelle x_0, dann gilt in einer Umgebung von x_0 die Näherungsformel (vgl. Abb. 95)

$$f(x) \approx f(x_0) + f'(x_0)(x-x_0).$$

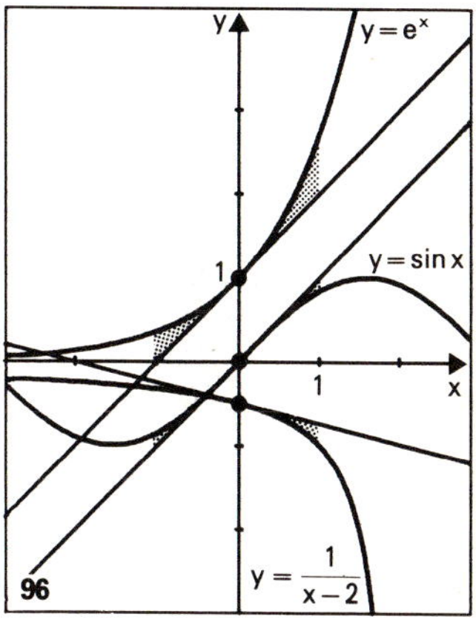

96

Beispiel 2: Die lineare Approximation der Funktionen

$$x \mapsto \frac{1}{x-2}, \quad x \mapsto e^x, \quad x \mapsto \sin x$$

an der Stelle 0 ergibt folgende *Näherungsformeln:*

$$\frac{1}{x-2} \approx -\frac{1}{2} - \frac{1}{4}x,$$

$$e^x \approx 1 + x,$$

$$\sin x \approx x \qquad \text{(vgl. Abb. 96).}$$

5.3 Ableitungsfunktionen

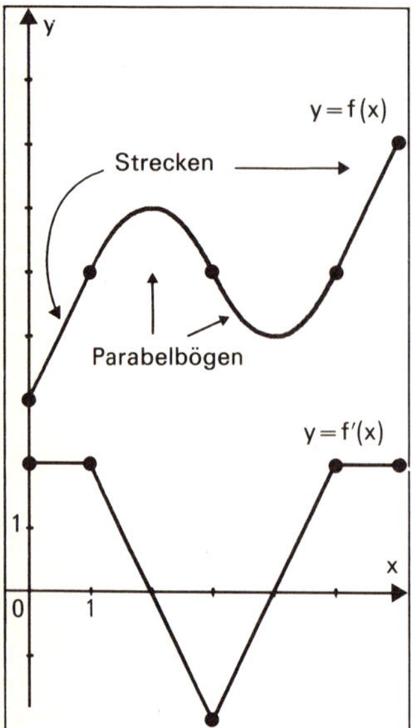

97

Ist eine Funktion f an jeder Stelle eines Intervalls I differenzierbar, so kann man jedem $x \in I$ den Wert $f'(x)$ zuordnen. Man erhält so eine Funktion auf I, die *Ableitungsfunktion* (kurz „Ableitung") von f (Abb. 97):

$$f': x \mapsto f'(x).$$

Ist auch f' auf I differenzierbar, so kann man die Ableitungsfunktion zu f' bestimmen. Diese heißt die *zweite Ableitungsfunktion* von f und wird mit f'' bezeichnet; ihr Wert an einer Stelle x_0 heißt die zweite Ableitung von f an der Stelle x_0. Entsprechend sind die 3., 4., 5., ... Ableitungsfunktion f''', $f^{(4)}$, $f^{(5)}$, ... und allgemein *die n-te Ableitungsfunktion* $f^{(n)}$ definiert.

Beispiel 1: Die Potenzfunktion

$$f: x \mapsto x^n \quad (n \in \mathbb{N})$$

ist auf $\mathbb{R}$ differenzierbar und besitzt die Ableitungsfunktion

$$f': x \mapsto n \cdot x^{n-1}.$$

Zum Beweis dieser Behauptung benutzen wir die Umformung

$$x^n - x_0^n$$
$$= (x - x_0) \cdot (x^{n-1} + x^{n-2}x_0 + \ldots + x x_0^{n-2} + x_0^{n-1}).$$

Dann ist für $x, x_0 \in \mathbb{R}$ mit $x \neq x_0$

$$\frac{x^n - x_0^n}{x - x_0} = x^{n-1} + x^{n-2}x_0 + \ldots + x x_0^{n-2} + x_0^{n-1},$$

also

$$\lim_{x \to x_0} \frac{x^n - x_0^n}{x - x_0} = n \cdot x_0^{n-1}.$$

Ferner gilt für alle $x \in \mathbb{R}$

$$f''(x) = n(n-1)x^{n-2},$$
$$f'''(x) = n(n-1)(n-2)x^{n-3},$$
$$\vdots$$
$$f^{(n)}(x) = n(n-1)(n-2)\ldots 3 \cdot 2 \cdot 1 = n!,$$
$$f^{(n+1)}(x) = 0.$$

(Den Ausdruck n! liest man „n **Fakultät**".)

Beispiel 2: Die Ableitungsfunktion von sin ist cos. Zum Nachweis dieser Behauptung betrachte man den Differenzenquotienten der Sinusfunktion an der Stelle x_0 und setze $h = x - x_0$:

$$\frac{\sin x - \sin x_0}{x - x_0} = \frac{\sin(x_0 + h) - \sin x_0}{h}.$$

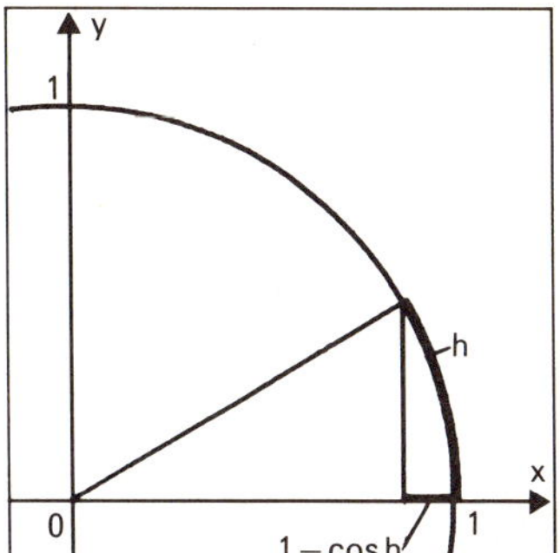

98

Das **Additionstheorem** der Sinusfunktion (vgl. 3.6) liefert

$$\sin(x_0 + h) = \sin x_0 \cdot \cos h + \cos x_0 \cdot \sin h;$$

damit erhält der Differenzenquotient die Gestalt

$$\sin x_0 \cdot \frac{\cos h - 1}{h} + \cos x_0 \cdot \frac{\sin h}{h}.$$

Es gilt nun

$$\lim_{h \to 0} \frac{\sin h}{h} = 1 \quad \text{und} \quad \lim_{h \to 0} \frac{\cos h - 1}{h} = 0$$

(vgl. Beispiel 3 in 4.1 und Abb. 98), also ergibt sich als Differentialquotient $\cos x_0$.

Beispiel 3: Die natürliche Exponentialfunktion $x \mapsto e^x$ stimmt mit ihrer Ableitungsfunktion überein, d.h. es gilt auf $\mathbb{R}$:

$$(e^x)' = e^x$$

(vgl. Beispiel 6 in 5.1).

Die Ableitungsfunktion einer Funktion, deren Graph gegeben ist, kann man näherungsweise graphisch ermitteln *(graphische Differentiation).* Dies wird in Abb. 99 und Abb. 100 gezeigt.

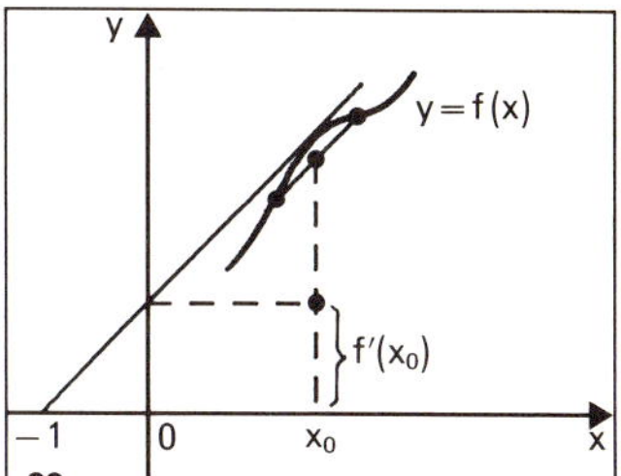

99

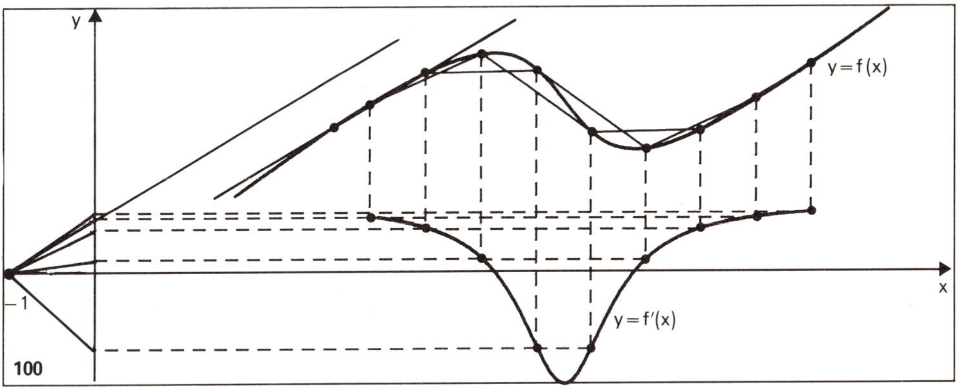

100

5.4 Ableitungsregeln

Entsprechend den **Struktursätzen** für stetige Funktionen (vgl. 4.3) gibt es solche Sätze für differenzierbare Funktionen. Wir formulieren diese für die Ableitungsfunktionen auf einem Intervall I:

> Sind f und g auf I differenzierbar, dann ist auch $f+g$ auf I differenzierbar und es gilt die *Summenregel*
>
> $$(f+g)'=f'+g'.$$

Ist $a \in \mathbb{R}$, so gilt auch $(a \cdot f)'=a \cdot f'$. Zusammen mit der Summenregel ergibt sich folgende Regel für die Differentiation einer **Linearkombination** von Funktionen:

$$(a_1 f_1 + a_2 f_2 + \dots + a_n f_n)'$$
$$= a_1 f_1' + a_2 f_2' + \dots + a_n f_n'.$$

Mit Hilfe dieser Regel kann man alle Polynomfunktionen ableiten: Wegen $(x^i)'=i x^{i-1}$ für $i \in \mathbb{N}$ (vgl. Beispiel 1 in 5.3) gilt

$$\left(\sum_{i=0}^{n} a_i x^i\right)' = \sum_{i=1}^{n} i a_i x^{i-1}.$$

Beispiel 1: Für die Funktion f mit

$$f(x)=2x^3-3x^2+7x-8$$

gilt

$$f'(x)=6x^2-6x+7.$$

> Sind f und g auf I differenzierbar, dann ist auch $f \cdot g$ auf I differenzierbar und es gilt die *Produktregel*
>
> $$(f \cdot g)'=f' \cdot g+f \cdot g'.$$

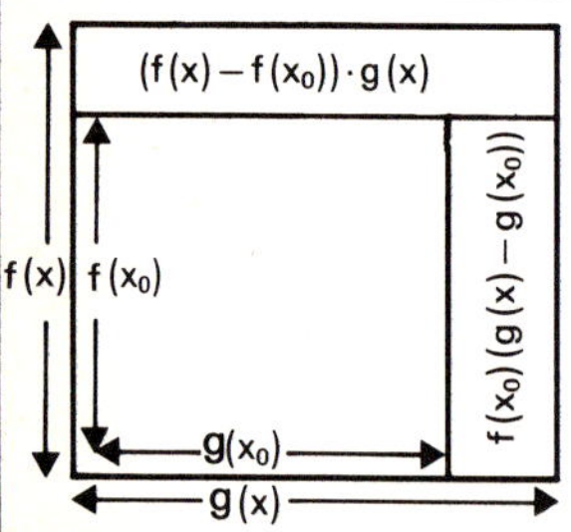

101

Die Produktregel ergibt sich aus der Umformung

$$\frac{f(x)g(x)-f(x_0)g(x_0)}{x-x_0}$$
$$=\frac{(f(x)-f(x_0))g(x)+f(x_0)(g(x)-g(x_0))}{x-x_0}$$
$$=\frac{f(x)-f(x_0)}{x-x_0} \cdot g(x)+f(x_0) \cdot \frac{g(x)-g(x_0)}{x-x_0}$$

(vgl. Abb. 101).

Beispiel 2:

$$(x \cdot \sin x)' = 1 \cdot \sin x + x \cdot \cos x = \sin x + x \cos x.$$

Beispiel 3: Die Differentiation der Potenzfunktion $x \mapsto x^n$ mit $n \in \mathbb{N}$ (Beispiel 1 in 5.3) kann man mit Hilfe vollständiger Induktion (2.2) auf die Produktregel zurückführen: Es gilt aufgrund der Produktregel

$$(x^2)' = (x \cdot x)' = 1 \cdot x + x \cdot 1 = 2x.$$

Gilt nun für ein $n \in \mathbb{N}$

$$(x^n)' = n x^{n-1},$$

dann folgt aus der Produktregel

$$(x^{n+1})' = (x \cdot x^n)' = 1 \cdot x^n + x \cdot n x^n$$
$$= (n+1) x^n.$$

Sind f und g auf I differenzierbar und ist $g(x) \neq 0$ für alle $x \in I$, dann ist auch $\frac{f}{g}$ auf I differenzierbar und es gilt die *Quotientenregel*

$$\left(\frac{f}{g}\right)' = \frac{f' \cdot g - f \cdot g'}{g^2}.$$

Den Beweis dieser Regel erhält man wieder mit Hilfe geschickter Umformungen des Differenzenquotienten. Etwas einfacher wird der Beweis, wenn man nur die Differenzierbarkeit von $\frac{1}{g}$ und die Beziehung $\left(\frac{1}{g}\right)' = -\frac{g'}{g^2}$ beweist und dann auf $\frac{f}{g} = f \cdot \frac{1}{g}$ die Produktregel anwendet. Weiß man bereits, daß $\frac{f}{g}$ differenzierbar ist, dann kann man die Quotientenregel auch sofort aus der Produktregel gewinnen, indem man die Identität $\left(\frac{f}{g}\right) \cdot g = f$ auf beiden Seiten differenziert:

$$\left(\left(\frac{f}{g}\right) \cdot g\right)' = f' \Rightarrow \left(\frac{f}{g}\right)' \cdot g + \frac{f}{g} \cdot g' = f'$$

$$\Rightarrow \left(\frac{f}{g}\right)' = \frac{f'}{g} - \frac{f \cdot g'}{g^2} = \frac{f' \cdot g - f \cdot g'}{g^2}.$$

Mit Hilfe der Quotientenregel ist es jetzt möglich, zu allen rationalen Funktionen die Ableitungsfunktion zu berechnen.

Beispiel 4: Für $f(x) = \dfrac{2x^3+5x^2-x}{x^2+1}$ erhält man

$$f'(x) = \frac{(6x^2+10x-1)\cdot(x^2+1)-(2x^3+5x^2-x)\cdot 2x}{(x^2+1)^2}$$

$$= \frac{2x^4+7x^2+10x-1}{x^4+2x^2+1}.$$

> Ist f auf I differenzierbar und g auf der Bildmenge f(I) differenzierbar, dann ist auch $g \circ f$ auf I differenzierbar und es gilt die **Kettenregel**
>
> $$(g\circ f)' = (g'\circ f)\cdot f'.$$

Für die Berechnung der Ableitung an einer Stelle x_0 bedeutet dies also:

$$(g\circ f)'(x_0) = g'(f(x_0))\cdot f'(x_0).$$

Die Kettenregel gewinnt man mit Hilfe des **Mittelwertsatzes** (vgl. 5.5) oder aus dem Ansatz

$$\frac{g(f(x))-g(f(x_0))}{x-x_0}$$

$$= \frac{g(f(x))-g(f(x_0))}{f(x)-f(x_0)}\cdot\frac{f(x)-f(x_0)}{x-x_0}.$$

Beispiel 5: a) Für $f(x) = \sin(x^2)$ gilt

$$f'(x) = \cos(x^2)\cdot 2x \qquad (=2x\cos(x^2)).$$

b) Für $f(x) = (\sin x)^2$ gilt

$$f'(x) = 2\sin x\cdot\cos x \quad (=\sin 2x).$$

Die Kettenregel liefert viele nützliche Ableitungsformeln, z. B.

$$(f^r)' = r f^{r-1}\cdot f'.$$

Für $r=2$ bzw. $r=\frac{1}{2}$ bzw. $r=-1$ erhält man die Sonderfälle

$$(f^2)' = 2f\cdot f'$$

bzw.

$$(\sqrt{f})' = \frac{f'}{2\sqrt{f}} \quad \text{bzw.} \quad \left(\frac{1}{f}\right)' = -\frac{f'}{f^2}.$$

Die Kettenregel für *drei* differenzierbare Funktionen f, g, h lautet

$$(h\circ g\circ f)' = (h'\circ g\circ f)\cdot(g'\circ f)\cdot f'.$$

Beispiel 6: Für $F(x) = \sin\sqrt{x^3+x}$ ist

$$F = h\circ g\circ f$$

mit

$$f(x) = x^3+x, \quad g(x) = \sqrt{x}, \quad h(x) = \sin x.$$

Also ist

$$F'(x) = \cos\sqrt{x^3+x}\cdot\frac{1}{2\sqrt{x^3+x}}\cdot(3x^2+1).$$

Ist f auf I differenzierbar und ist $f'(x) \neq 0$ für alle $x \in I$, dann ist f auf I umkehrbar und für die *Ableitung der Umkehrfunktion* f^{-1} gilt

$$(f^{-1})' = \frac{1}{f'\circ f^{-1}}.$$

Setzt man $y_0 = f(x_0)$ ein für $x_0 \in I$, so bedeutet dies

$$(f^{-1})(y_0) = \frac{1}{f'(x_0)},$$

denn $(f'\circ f^{-1})(y_0) = f'(f^{-1}(y_0)) = f'(x_0)$.
Die Ableitungsregel für die Umkehrfunktion erhält man aus dem Ansatz

$$\frac{f^{-1}(y)-f^{-1}(y_0)}{y-y_0} = \frac{x-x_0}{f(x)-f(x_0)} = \frac{1}{\frac{f(x)-f(x_0)}{x-x_0}}.$$

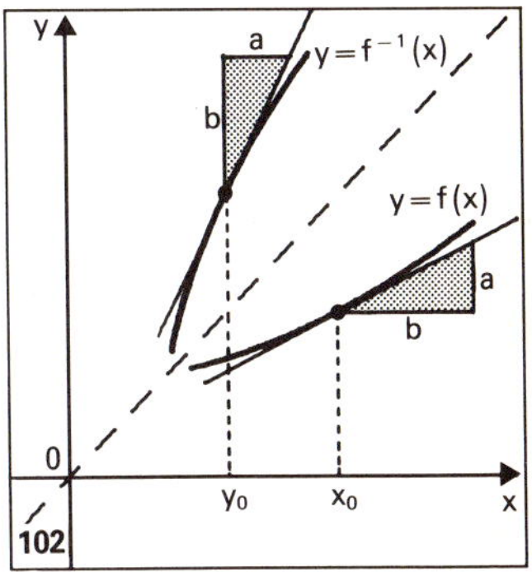

102

In Abb. 102 ist diese Ableitungsregel graphisch verdeutlicht.
Wenn man schon weiß, daß f^{-1} differenzierbar ist, dann kann man $(f^{-1})'$ mit Hilfe der Kettenregel berechnen:

$$(f^{-1}\circ f)(x) = x \Rightarrow (f^{-1})'(f(x))\cdot f'(x) = 1$$

$$\Rightarrow (f^{-1})'(y) = \frac{1}{f'(x)} \quad \text{mit } y = f(x).$$

Mit Hilfe der nun gewonnenen Ableitungsregeln werden im folgenden Abschnitt die Ableitungsfunktionen der wichtigsten **elementaren Funktionen** berechnet.

5.5 Ableitung einiger elementarer Funktionen

Ableitung der allgemeinen Exponentialfunktion:
Für $q>0$ ist $q^x = e^{(\ln q)\cdot x}$, nach der Kettenregel ergibt sich also wegen $(e^x)' = e^x$:

$$(q^x)' = e^{(\ln q)\cdot x}\cdot(\ln q) = (\ln q)\cdot q^x.$$

Ableitung der allgemeinen Logarithmusfunktion:
Nach der Ableitungsregel für die Umkehrfunktion (vgl. 5.4) gilt für $q>0$

$$(\log_q x)' = \frac{1}{(q^y)'} = \frac{1}{(\ln q)\cdot q^y} \quad \text{mit } y = \log_q x,$$

also

$$(\log_q x)' = \frac{1}{(\ln q)\cdot x}.$$

Insbesondere ergibt sich für $q = e$

$$(\ln x)' = \frac{1}{x}.$$

Ableitung der allgemeinen Potenzfunktion:
Für $\alpha \in \mathbb{R}$ gilt in $]0;\infty[$

$$x^\alpha = (e^{\ln x})^\alpha = e^{\alpha \ln x},$$

also nach der Kettenregel

$$(x^\alpha)' = e^{\alpha \ln x}\cdot\frac{\alpha}{x} = x^\alpha\cdot\frac{\alpha}{x}$$

und damit

$$(x^\alpha)' = \alpha x^{\alpha-1}.$$

Es ergibt sich also die gleiche Formel wie für die Potenzfunktionen mit natürlichen Exponenten. Für $\alpha = \frac{1}{n}$ ($n \in \mathbb{N}$) ergibt sich als Sonderfall

$$(\sqrt[n]{x})' = \frac{1}{n}x^{\frac{1}{n}-1} \quad \left(= \frac{\sqrt[n]{x}}{n\cdot x}\right).$$

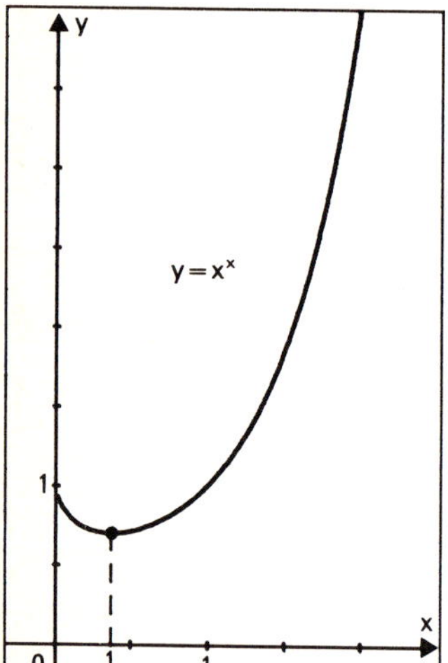

103

Ableitung der Funktion $x \mapsto x^x$:
Diese für $x>0$ definierte Funktion (vgl. Abb. 103) wird folgendermaßen differenziert: Es gilt

$$x^x = e^{(\ln x)\cdot x},$$

also nach der Kettenregel und der Produktregel

$$(x^x)' = e^{(\ln x)\cdot x} \cdot \left(\frac{1}{x} \cdot x + \ln x \cdot 1\right)$$

$$= x^x(1 + \ln x).$$

Ableitung der trigonometrischen Funktionen:

Aus $\cos x = \sin\left(x + \frac{\pi}{2}\right)$ folgt mit Hilfe der Kettenregel aus $(\sin x)' = \cos x$

$$(\cos x)' = \cos\left(x + \frac{\pi}{2}\right) \cdot 1$$

$$= \cos\left(x + \frac{\pi}{2}\right) = -\sin x.$$

Aus $\tan x = \frac{\sin x}{\cos x}$ folgt mit Hilfe der Quotientenregel

$$\tan' x = \frac{\cos^2 x + \sin^2 x}{\cos^2 x}$$

$$= \frac{1}{\cos^2 x} = 1 + \tan^2 x.$$

Formelsammlung	
$(e^x)' = e^x$	$(q^x)' = (\ln q) \cdot q^x$
$(\ln x)' = \frac{1}{x}$	$(\log_q x)' = \frac{1}{(\ln q) \cdot x}$
$(x^\alpha)' = \alpha \cdot x^{\alpha - 1}$	
$(\sin x)' = \cos x$	$(\cos x)' = -\sin x$
$(\tan x)' = 1 + \tan^2 x$	
$(\arcsin x)' = \frac{1}{\sqrt{1 - x^2}}$	
$(\arccos x)' = -\frac{1}{\sqrt{1 - x^2}}$	
$(\arctan x)' = \frac{1}{1 + x^2}$	

Ableitung der Arkusfunktionen:

Im Intervall $I =]-1; 1[$ gilt

$$(\arcsin x)' = \frac{1}{\sin'(\arcsin x)}$$

$$= \frac{1}{\cos(\arcsin x)}$$

$$= \frac{1}{\sqrt{1 - \sin^2(\arcsin x)}}$$

$$= \frac{1}{\sqrt{1 - x^2}}.$$

Im Intervall $I =]-1; 1[$ gilt analog

$$(\arccos x)' = -\frac{1}{\sqrt{1 - x^2}}.$$

In $\mathbb{R}$ gilt

$$(\arctan x)' = \frac{1}{\tan'(\arctan x)}$$

$$= \frac{1}{1 + \tan^2 \arctan x}$$

$$= \frac{1}{1 + x^2}.$$

5.6 Der Mittelwertsatz

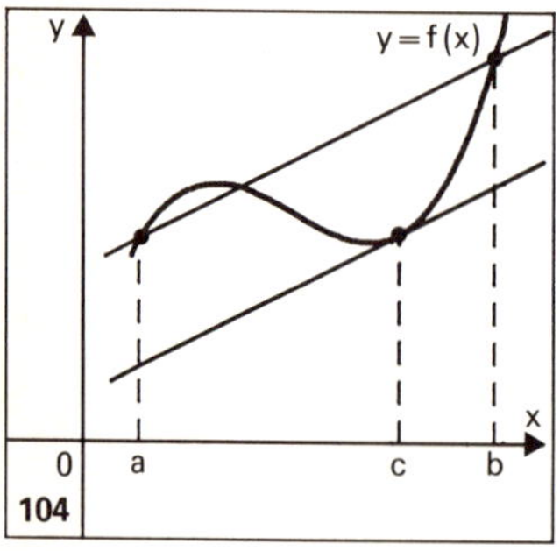

104

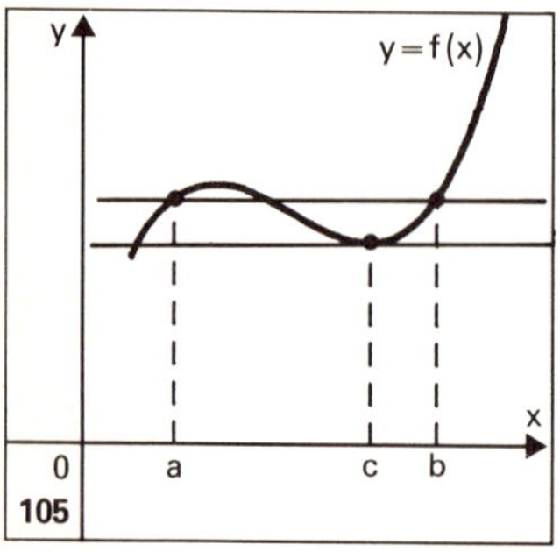

105

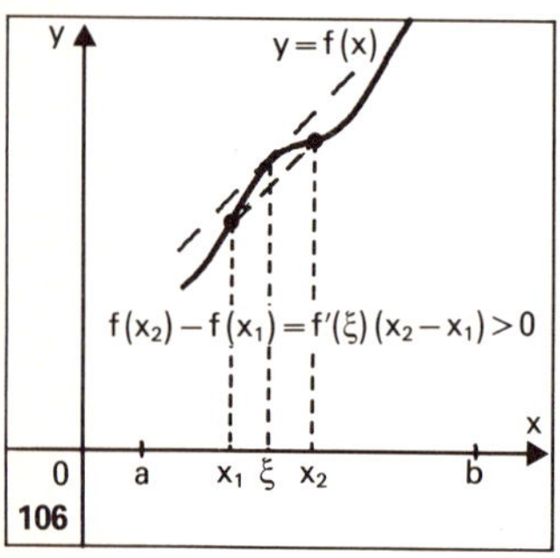

106

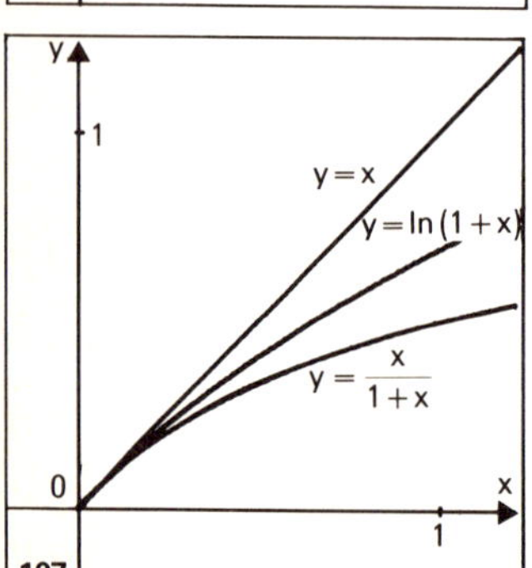

107

Es gibt zwei Mittelwertsätze der Differentialrechnung und zwei Mittelwertsätze der Integralrechnung. Der wichtigste ist der sog. *1. Mittelwertsatz der Differentialrechnung,* den wir im folgenden kurz „Mittelwertsatz" nennen.

> **Mittelwertsatz:** Ist die Funktion f stetig auf [a; b] und differenzierbar auf]a; b[, dann gibt es ein $c \in]a; b[$ mit
>
> $$\frac{f(b) - f(a)}{b - a} = f'(c).$$

In dem offenen Intervall]a; b[gibt es also mindestens eine Zahl c, so daß die Tangente im Kurvenpunkt $(c \mid f(c))$ parallel zur Sekante durch die Punkte $(a \mid f(a))$ und $(b \mid f(b))$ verläuft (Abb. 104).
Der Sonderfall $f(a) = f(b)$ des Mittelwertsatzes ist der **Satz von Rolle** (Abb. 105).
Aus dem Mittelwertsatz erhält man folgenden Satz:

> *Monotoniesatz:* Ist f auf [a; b] stetig und auf]a; b[differenzierbar, dann ist f auf [a; b]
>
> - streng monoton wachsend, falls $f'(x) > 0$ für alle $x \in]a; b[$ (Abb. 106);
> - streng monoton fallend, falls $f'(x) < 0$ für alle $x \in]a; b[$;
> - konstant, falls $f'(x) = 0$ für alle $x \in]a; b[$.

Der Mittelwertsatz erweist sich oft als geeignet zur Abschätzung der Wertemenge von Funktionen.

Beispiel 1: Für alle $x \in]0; \infty[$ gilt (vgl. Abb. 107)

$$\frac{x}{1+x} < \ln(1+x) < x.$$

Beweis: Nach dem Mittelwertsatz existiert ein $c \in]0; x[$ mit

$$\frac{\ln(1+x) - \ln 1}{x - 0} = \frac{1}{1+c}.$$

Aus

$$\frac{1}{1+x} < \frac{1}{1+c} < 1$$

ergibt sich

$$\frac{\ln(1+x)}{x} > \frac{1}{1+x}, \quad \text{also} \quad \ln(1+x) > \frac{x}{1+x}$$

und

$$\frac{\ln(1+x)}{x} < 1, \quad \text{also} \quad \ln(1+x) < x.$$

Der Monotoniesatz kann u. a. zum Beweis von Ungleichungen herangezogen werden.

Beispiel 2: Wir wollen beweisen, daß

$$(1+x)^n + (1-x)^n > 2 \quad \text{für } 0 < x < 1$$

gilt ($n \in \mathbb{N}$). Es sei $f(x) := (1+x)^n + (1-x)^n$. Es gilt $f(0) = 2$ und

$$f'(x) = n(1+x)^{n-1} - n(1-x)^{n-1}.$$

Für $0 < x < 1$ ist $1+x > 1-x > 0$, also $f'(x) > 0$. Aus dem Monotoniesatz folgt daher die behauptete Ungleichung (vgl. Abb. 108).

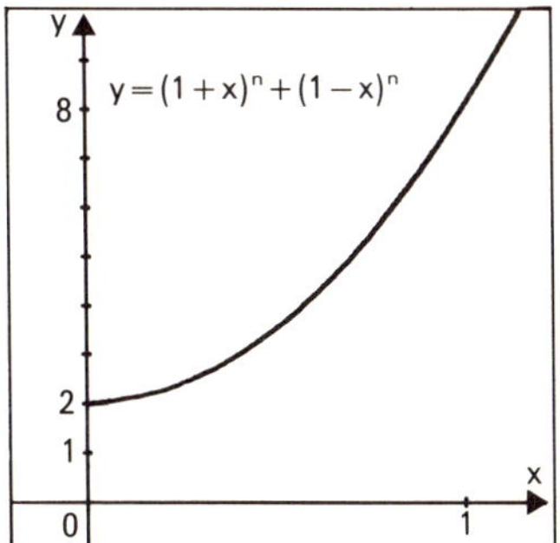

108

6 Anwendungen der Differentialrechnung

6.1 Kurvendiskussion

Die Untersuchung von Funktionsgraphen differenzierbarer Funktionen („**Kurven**") geschieht nach folgenden Gesichtspunkten:

a) Definitionsmenge, Wertemenge, Verhalten an Definitionslücken (vgl. 4.1)

b) Asymptotisches Verhalten an Definitionslücken und für $x \to \pm\infty$ (vgl. 4.2)

c) **Symmetrie**eigenschaften (Achsensymmetrie, Punktsymmetrie)

d) **Nullstellen** (evtl. Berechnung mit Hilfe von Näherungsverfahren)

e) Steigung (Monotoniebögen)

f) Extremalpunkte

g) Krümmung

h) Wendepunkte

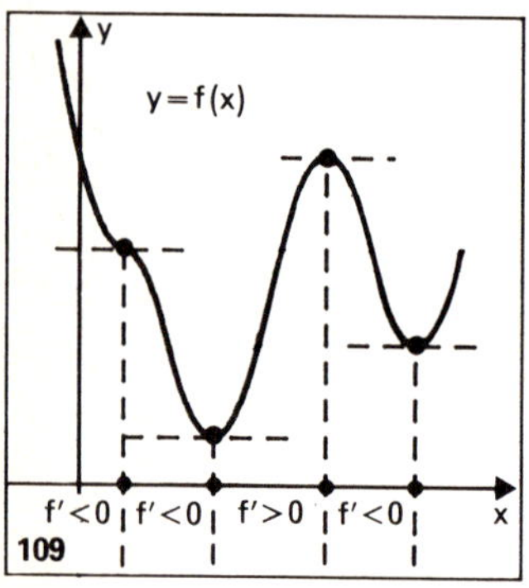

109

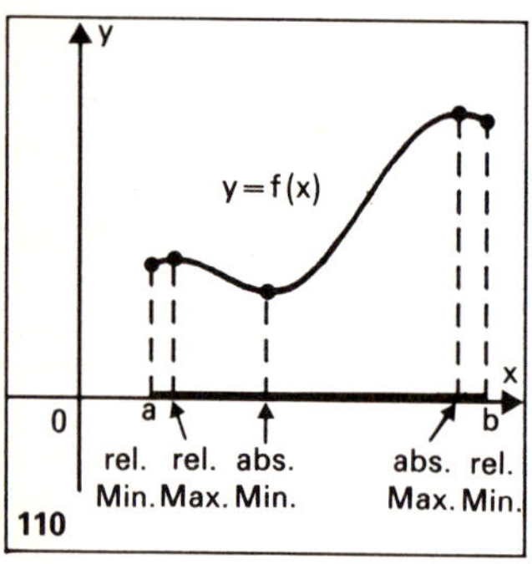

110

Wir betrachten nur die Punkte e) bis h), wo der Begriff der Ableitung zur Anwendung kommt. Wir setzen dabei voraus, daß die jeweils benutzten Ableitungen existieren, daß die Funktion also einmal, zweimal, dreimal, ... differenzierbar ist.

e) Steigung des Funktionsgraphen
Ist die Funktion f über $[a; b] \subseteq D_f$ monoton (wachsend oder fallend) und $[a; b]$ größtmöglich mit dieser Eigenschaft, dann heißt das Stück des Graphen über $[a; b]$ ein *Monotoniebogen* von f. Mit Hilfe des Monotoniesatzes (vgl. 5.6) bestimmt man diese Monotoniebögen von f, insbesondere auch die Punkte $(x_0 | f(x_0))$, in denen zwei solche aneinanderstoßen. Dort gilt $f'(x_0) = 0$, der Graph von f hat dort also eine „waagerechte" Tangente (Abb. 109).

f) Extremalpunkte des Funktionsgraphen

In 4.3 ist der Begriff des *absoluten* Extremums (Minimum/Maximum) einer Funktion auf einem Intervall definiert. Daneben spielt auch der Begriff des *relativen* Extremums eine große Rolle. Die Funktion f hat an der Stelle $x_0 \in [a; b] \subseteq D_f$

ein *relatives Maximum* bezüglich [a; b], wenn eine Umgebung $U(x_0)$ existiert, so daß

$f(x) \leq f(x_0)$ für alle $x \in U(x_0) \cap [a; b]$;

ein *relatives Minimum* bezüglich [a; b], wenn eine Umgebung $U(x_0)$ existiert, so daß

$f(x) \geq f(x_0)$ für alle $x \in U(x_0) \cap [a; b]$.

Vgl. Abb. 110, Abb. 111.

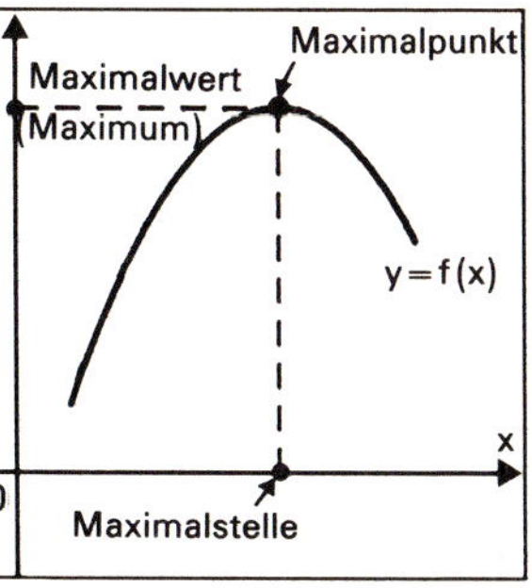

111

An der Stelle x_0 im Innern von D_f liegt ein relatives Extremum vor, wenn die Ableitungsfunktion f′ dort das Vorzeichen wechselt. Notwendig hierfür ist die Bedingung $f'(x_0) = 0$.

Ist $f'(x_0) = 0$ und $f''(x_0) < 0$, dann ist f′ in der Umgebung von x_0 streng monoton fallend, es liegt also eine *Maximalstelle* vor (Abb. 112, 113).

Ist $f'(x_0) = 0$ und $f''(x_0) > 0$, dann ist f′ in der Umgebung von x_0 streng monoton steigend, es liegt also eine *Minimalstelle* vor (Abb. 112, 113).

Ist $f'(x_0) = f''(x_0) = 0$, dann kann ein relatives Extremum, aber auch ein Wendepunkt mit waagerechter Tangente vorliegen (vgl. h)). In diesem Fall muß man am Term f′(x) untersuchen, ob f′ an der Stelle x_0 das Vorzeichen wechselt oder nicht.

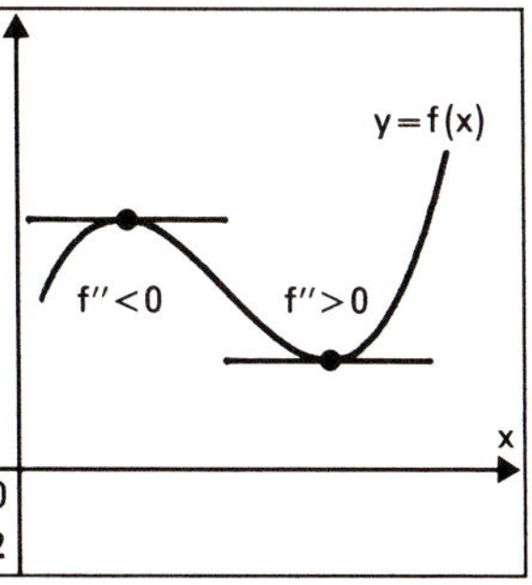

112

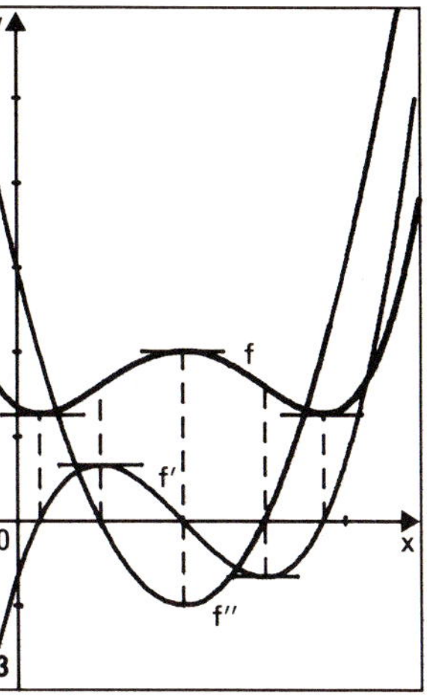

113

g) Krümmung des Funktionsgraphen

Die Monotoniebögen von f′ sind die Bögen *von gleichem Krümmungssinn* von f.

Ist $f''(x_0) > 0$, dann ist der Graph von f in einer Umgebung von x_0 *linksgekrümmt* oder eine *Linkskurve,* denn die Steigung nimmt dort zu.

Ist $f''(x_0) < 0$, dann ist der Graph von f in einer Umgebung von x_0 *rechtsgekrümmt* oder eine *Rechtskurve,* denn die Steigung nimmt dort ab (Abb. 114).

Ist $f''(x_0) = 0$, dann kann an der Stelle x_0 ein Wendepunkt (vgl. h)) vorliegen, die Kurve kann aber auch ihren Krümmungssinn behalten.

Derjenige Kreis, der sich einer Kurve an einer Stelle x_0 am besten „anschmiegt", heißt der **Krümmungskreis** im Punkt $(x_0 | f(x_0))$.

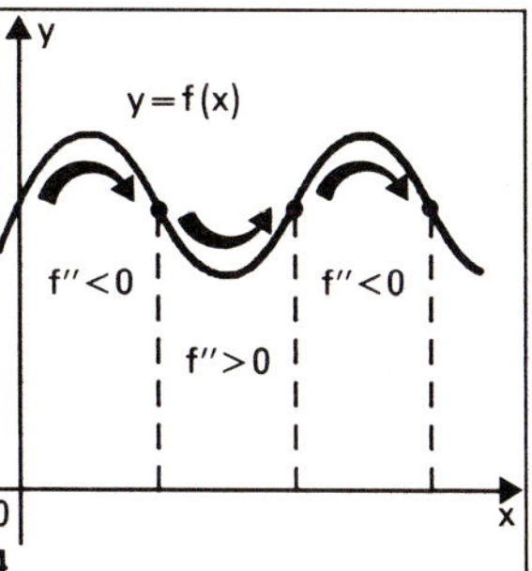

114

h) Wendepunkte des Funktionsgraphen

Ändert f'' an der Stelle x_0 das Vorzeichen, ändert sich dort also der Krümmungssinn des Graphen (vgl. g)), dann heißt $(x_0|f(x_0))$ ein *Wendepunkt* von f. Die Extremalstellen von f' sind die Wendestellen von f. Notwendig für das Vorliegen eines Wendepunktes an der Stelle x_0 ist also $f''(x_0)=0$.

Ist $f''(x_0)=0$ und $f'''(x_0)<0$, dann ist f'' in einer Umgebung von x_0 streng monoton fallend, es geht also eine Linkskurve in eine Rechtskurve über.

Ist $f''(x_0)=0$ und $f'''(x_0)>0$, dann ist f'' in einer Umgebung von x_0 streng monoton steigend, es geht also eine Rechtskurve in eine Linkskurve über.

Ist $f''(x_0)=f'''(x_0)=0$, dann kann ein Wendepunkt vorliegen, dies muß aber nicht sein.

Mit Hilfe der Taylor-Entwicklung (vgl. 6.3) erhält man folgende Übersicht über die Stellen mit verschwindender Ableitung:

> Die Funktion f sei in einer Umgebung von x_0 beliebig oft differenzierbar und es sei $f'(x_0)=0$. Ferner sei
>
> $$f^{(n)}(x_0) \neq 0 \quad \text{und} \quad f^{(i)}(x_0)=0 \quad \text{für } 1 \leq i < n.$$
>
> Ist n gerade, dann liegt ein Extremum vor; dies ist ein Maximum, falls $f^{(n)}(x_0)<0$, andernfalls ein Minimum.
>
> Ist n ungerade, dann liegt ein Wendepunkt (mit waagerechter Tangente) vor.

Beispiel 1: $f: x \mapsto \dfrac{x^3}{x^2-1}$

a) $D_f=\mathbb{R}\setminus\{-1; 1\}$; $W_f=\mathbb{R}$; -1 und 1 sind Polstellen.

b) $\lim\limits_{x \to -1^-} f(x) = \lim\limits_{x \to 1^-} f(x) = -\infty$;

$\lim\limits_{x \to -1^+} f(x) = \lim\limits_{x \to 1^+} f(x) = +\infty$.

$f(x)=x+\dfrac{x}{x^2-1}$, also $\lim\limits_{x \to \pm\infty} (f(x)-x)=0$; dabei ist $f(x)<x$ für $x<-1$ und $f(x)>x$ für $x>1$. Die Gerade mit der Gleichung $y=x$ ist also eine (schräge) Asymptote.

c) $f(-x) = -f(x)$; der Graph (Abb. 115) ist also punktsymmetrisch zum Ursprung.

d) Einzige Nullstelle ist 0.

e) $f'(x) = \dfrac{3x^2(x^2-1) - 2x \cdot x^3}{(x^2-1)^2} = \dfrac{x^2(x^2-3)}{(x^2-1)^2}$;

$f'(x) = 0 \Leftrightarrow x \in \{-\sqrt{3}; 0; \sqrt{3}\}$;

$f'(x) > 0$ über $]-\infty; -\sqrt{3}[$ und $]\sqrt{3}; \infty[$;

$f'(x) < 0$ über $]-\sqrt{3}; -1[$, $]-1; 0[$, $]0; 1[$ und $]1; \sqrt{3}[$.

f) Aufgrund der Ergebnisse in e) ist schon klar, daß $-\sqrt{3}$ und $\sqrt{3}$ Extremalstellen sind, und daß 0 eine Wendestelle ist. Wir können dies aber auch mit Hilfe der zweiten Ableitung zeigen:

$$f''(x) = \frac{-8x^7 + 34x^5 - 20x^3 - 6x}{(x^2-1)^2}$$

$f''(-\sqrt{3}) = -6\sqrt{3}$: Maximum

$f''(\sqrt{3}) = +6\sqrt{3}$: Minimum

h) $f''(0) = 0$; an der Stelle 0 liegt ein Wendepunkt (mit waagerechter Tangente) vor. Denn das Vorzeichen von f'' wird in der Umgebung von 0 durch den Term $-6x$ bestimmt, an der Stelle 0 wechselt f'' also das Vorzeichen.

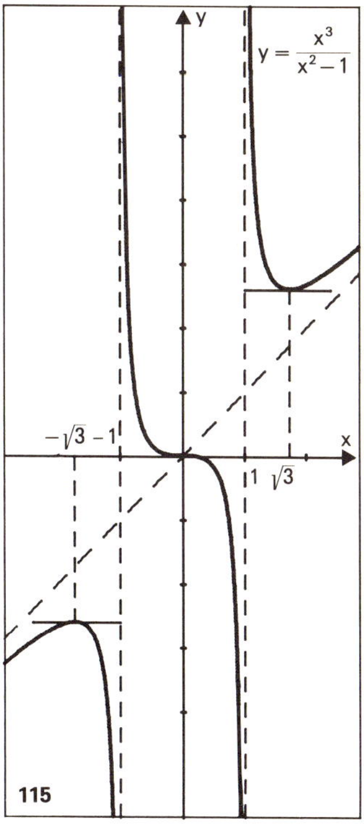

115

Beispiel 2: $f: x \mapsto e^{-\frac{1}{2}x^2}$

Wir untersuchen hier nur die *Wendetangenten* (Tangenten in den Wendepunkten):

$f'(x) = e^{-\frac{1}{2}x^2} \cdot (-x) = -x e^{-\frac{1}{2}x^2}$

$f''(x) = (x^2-1) e^{-\frac{1}{2}x^2}$

$f''(x) = 0 \Leftrightarrow x \in \{-1; 1\}$

f'' wechselt an den Stellen -1 und 1 das Vorzeichen, denn die Funktion $x \mapsto x^2 - 1$ tut dies und $e^{-\frac{1}{2}x^2}$ ist überall positiv. Mit $f(-1) = f(1) = e^{-\frac{1}{2}} =: a$ $(= 0{,}606\ldots)$ erhält man also die Wendepunkte $(-1|a)$ und $(1|a)$. Die Wendetangenten haben die Gleichungen

$$y = ax + 2a \quad \text{bzw.} \quad y = -ax + 2a.$$

Ihr Schnittpunkt mit der x-Achse ist $(-2|0)$ bzw. $(2|0)$. Abb. 116 zeigt den Graph von f.

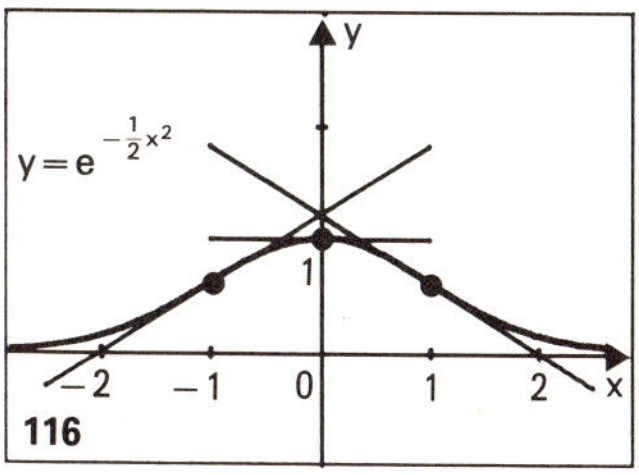

116

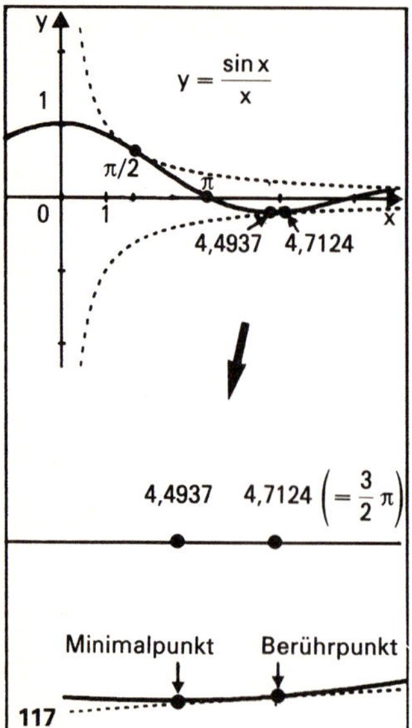

117

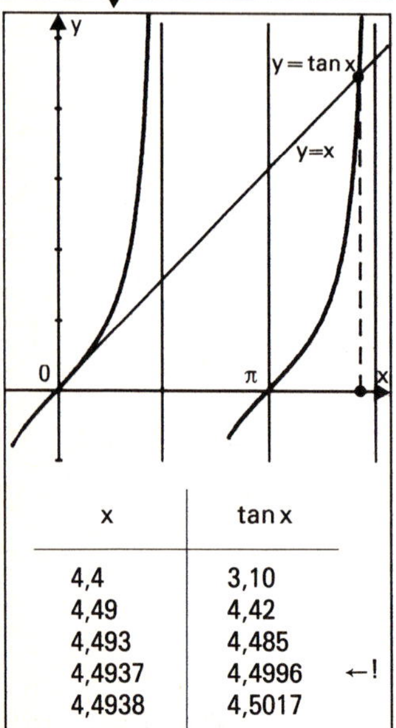

x	tan x	
4,4	3,10	
4,49	4,42	
4,493	4,485	
4,4937	4,4996	←!
4,4938	4,5017	

118

Beispiel 3: Den ungefähren Verlauf des Graphen von

$$f: x \mapsto \begin{cases} \frac{\sin x}{x} & \text{für } x \neq 0 \\ 1 & \text{für } x = 0 \end{cases}$$

(vgl. Beispiel 3 in 4.1) kennen wir (Abb. 117). Wir wollen die Berührungspunkte von f und $x \mapsto \frac{1}{x}$ bzw. $x \mapsto -\frac{1}{x}$ und die Extremalpunkte von f genauer untersuchen. Wegen $f(-x) = f(x)$ (Achsensymmetrie!) beschränken wir uns dabei auf Werte $x \geq 0$.

1) $f(x) = \pm \frac{1}{x} \Leftrightarrow \sin x = \pm 1$

$$\Leftrightarrow x = \frac{\pi}{2} + n\pi \quad (n \in \mathbb{N}_0);$$

$$f'\left(\frac{\pi}{2} + n\pi\right) = \mp \frac{1}{\left(\frac{\pi}{2} + n\pi\right)^2}.$$

2) Für $x \neq 0$ ist $f'(x) = \frac{x \cos x - \sin x}{x^2}$. Auch an der Stelle 0 ist f differenzierbar; es gilt (vgl. 6.4)

$$f'(0) = \lim_{x \to 0} \frac{\sin x - x}{x^2} = 0.$$

An der Stelle 0 liegt ein absolutes Maximum vor (vgl. Abb. 9). Für $x \neq 0$ bedeutet $f'(x) = 0$ dasselbe wie $\tan x = x$. Als erster Minimalpunkt für $x > 0$ ergibt sich $(x_0 | \cos x_0)$ mit $x_0 \approx 4{,}4937$ (vgl. Abb. 118).

6.2 Extremwertaufgaben

Bei Extremwertaufgaben geht es darum, Extremwerte einer Funktion f über einem gegebenen Intervall aufzufinden. Extremwerte können am Rand oder im Innern des Intervalls auftreten. Ist f differenzierbar, dann findet man die relativen Extrema von f im Innern des Intervalls nach den Regeln aus 6.1. Das absolute Maximum (Minimum) ist dann eines der Maxima (Minima) im Innern des Intervalls oder ein Randmaximum (Randminimum).

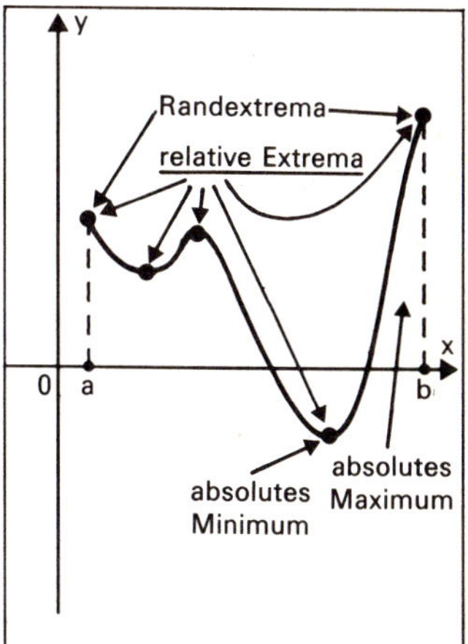

119

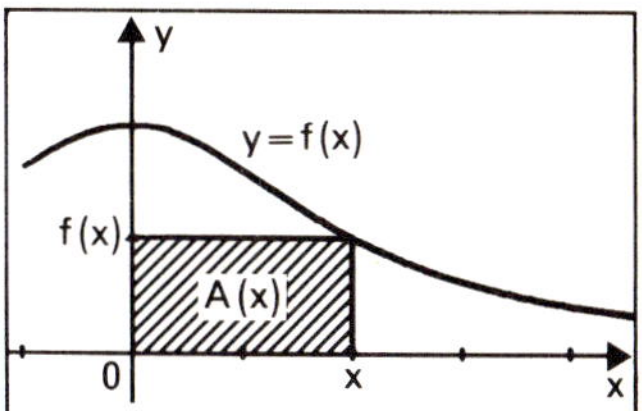

120

Beispiel 1: Für welchen Wert von $x \geq 0$ hat das Rechteck mit den Ecken

$$(0|0), \quad (x|0), \quad \left(x\,\middle|\,\frac{1}{1+x^2}\right), \quad \left(0\,\middle|\,\frac{1}{1+x^2}\right)$$

a) den größtmöglichen Flächeninhalt;

b) den kleinstmöglichen Umfang (Abb. 120)?

a) Der Flächeninhalt des Rechtecks beträgt

$$A(x) = \frac{x}{1+x^2}.$$

Nach der Quotientenregel ist

$$A'(x) = \frac{1+x^2-2x^2}{(1+x^2)^2} = \frac{1-x^2}{(1+x^2)^2},$$

also gilt für $x \geq 0$

$$A'(x) = 0 \Leftrightarrow x = 1.$$

Ferner ist nach der Quotientenregel

$$A''(x) = \frac{-2x\cdot(1+x^2)^2 - 2(1+x^2)\cdot 2x\cdot(1-x^2)}{(1+x^2)^4}$$

$$= \frac{-6x+x^3}{(1+x^2)^3},$$

also $A''(1) = -\frac{5}{8} < 0$. Die Funktion A hat also an der Stelle 1 ein relatives Maximum; dieses beträgt $A(1) = \frac{1}{2}$. Aus $A(0) = 0$ und $\lim\limits_{x\to\infty} A(x) = 0$ folgt, daß dies auch das absolute Maximum ist.

b) Der Umfang des Rechtecks beträgt

$$U(x) = 2x + \frac{2}{1+x^2}.$$

Es ist

$$U'(x) = 2 - \frac{4x}{(1+x^2)^2};$$

wegen $4x < 2(1+x^2)^2$ für alle $x \geq 0$ gilt also

$$U'(x) > 0 \quad \text{für alle } x \geq 0.$$

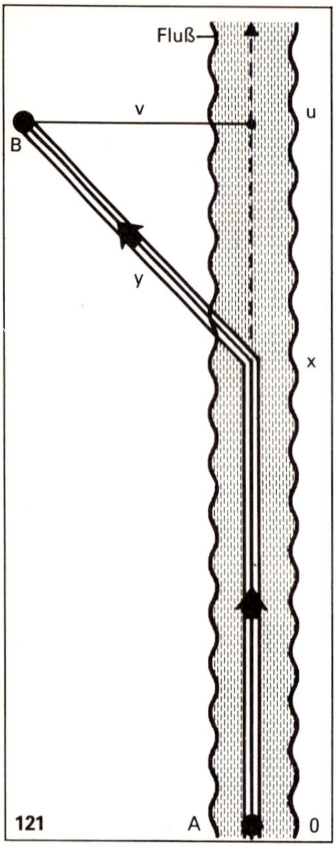

121

Es liegt also lediglich ein Randminimum bei $x=0$ vor; in diesem Fall ist das Rechteck aber ausgeartet.

Beispiel 2: Für den Transport einer bestimmten Ladung seien die Kosten

auf dem Wasser a DM pro km,

auf dem Land b DM pro km

(Abb. 121). Die Gesamtkosten K sollen möglichst gering sein. Es gilt

$$K = ax + by$$

mit der Nebenbedingung

$$(x-u)^2 + v^2 = y^2.$$

Wir betrachten also die Kostenfunktion

$$f\colon x \mapsto ax + b \cdot \sqrt{(x-u)^2 + v^2}.$$

Zur Vereinfachung wählen wir für b, u, v konkrete Zahlen und behalten nur a als Parameter bei:

$$b=1, \quad u=3, \quad v=1.$$

Damit lautet die Kostenfunktion

$$f\colon x \mapsto ax + \sqrt{(x-3)^2 + 1}.$$

Es ist

$$f'(x) = a + \frac{x-3}{\sqrt{(x-3)^2+1}}.$$

Die Bedingung $f'(x)=0$ führt auf

$$a^2(x-3)^2 + a^2 = (x-3)^2,$$

also

$$(x-3)^2 = \frac{a^2}{1-a^2}.$$

Diese Gleichung hat nur Lösungen, falls $a<1$; die Lösungen sind dann

$$3+\sqrt{C} \quad \text{und} \quad 3-\sqrt{C} \quad \text{mit} \quad C = \frac{a^2}{1-a^2}.$$

Aufgrund des Sachzusammenhangs interessieren nur Lösungen im Intervall $[0;3]$. Die Zahl $3+\sqrt{C}$ liegt nicht in diesem Intervall, die Zahl $3-\sqrt{C}$ nur, falls $3 \geq \sqrt{C}$, also $9 \geq \frac{a}{1-a^2}$, was auf $a \leq \sqrt{\frac{9}{10}}$ führt.

1. Fall: $a<\sqrt{\frac{9}{10}}$

Die Funktion f hat an der Stelle $3-\sqrt{C}$ ein absolutes Minimum. (Man überzeuge sich davon, daß f′ an dieser Stelle das Vorzeichen wechselt!) Das Minimum beträgt

$$f(3-\sqrt{C})=3a-\frac{1+a^2}{\sqrt{1-a^2}}.$$

2. Fall: $a\geq\sqrt{\frac{9}{10}}$

Die Funktion f ist auf [0; 3] streng monoton wachsend. Sie hat also ein absolutes Minimum an der Stelle 0. Das Minimum beträgt $f(0)=\sqrt{10}$.

In Abb. 122 sind für einige Werte von a die Graphen von f dargestellt.

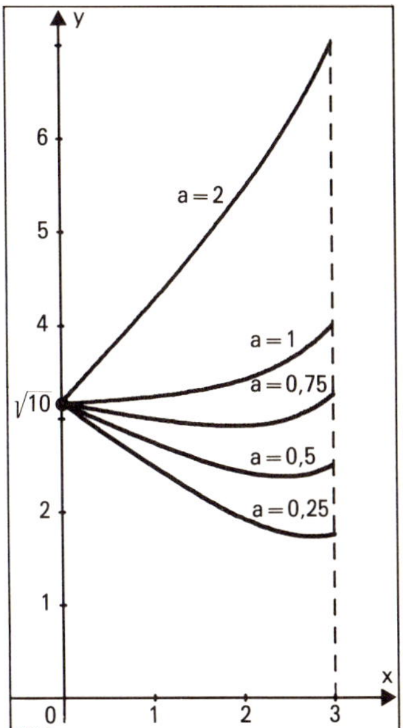

122

Beispiel 3: Mit Hilfe von Extremwertberechnungen kann man die Qualität einer Näherung untersuchen. Für $0{,}1\leq x\leq 0{,}9$ ist beispielsweise die Näherung

$$\sqrt{x}\approx\frac{4}{5}x+\frac{4}{15}$$

durch

$$\left|\sqrt{x}-\left(\frac{4}{5}x+\frac{4}{15}\right)\right|\leq\frac{11}{240}$$

zu qualifizieren, denn die Funktion

$$f\colon x\mapsto\sqrt{x}-\left(\frac{4}{5}x+\frac{4}{15}\right)$$

hat an der Stelle $\frac{25}{64}$ ein Maximum mit dem Wert $\frac{11}{240}\approx 0{,}046$, und es gilt ferner $f(0{,}1)\approx -0{,}030$ und $f(0{,}9)\approx -0{,}038$ (Abb. 123).

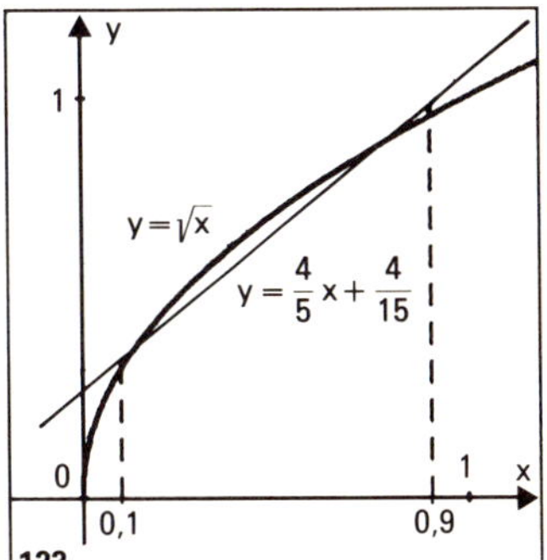

123

Wie in obigen Beispielen folgt oft schon aus dem Sachzusammenhang oder aus dem Graph, ob an der Stelle x_0 mit $f'(x_0)=0$ ein Minimum oder ein Maximum oder keines von beidem vorliegt, so daß sich die Betrachtung der zweiten Ableitung erübrigt.

Häufig führt ein Extremwertproblem auf die Betrachtung einer Verkettung $g\circ f$ auf [a; b], wobei g auf der Bildmenge von [a; b] unter f monoton ist. Dann kann man sich auf die Bestimmung der Extremalstellen von f auf [a; b] beschränken, was die Rechnung oft erheblich vereinfacht. Beispielsweise hat

$$g\circ f\colon x\mapsto\left(7+\sqrt{x^4-3x^2+10}\right)^3$$

auf [0; 2] dieselben Extremalstellen wie $f\colon x\mapsto x^4-3x^2+10$, weil $g\colon x\mapsto(7+\sqrt{x})^3$ auf [10; 14] (= Bildmenge von [0; 2] unter f) offensichtlich monoton ist.

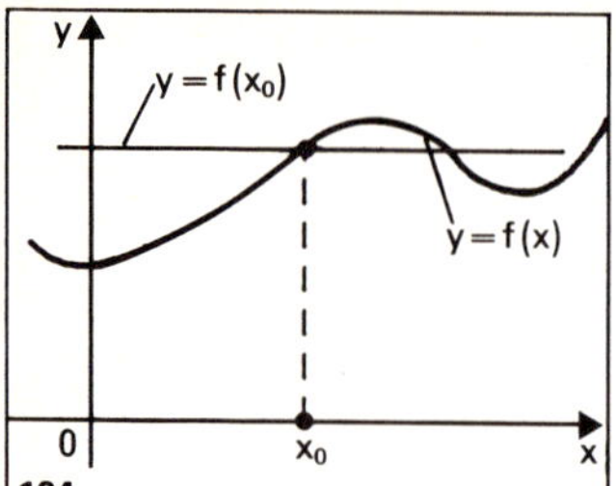

124

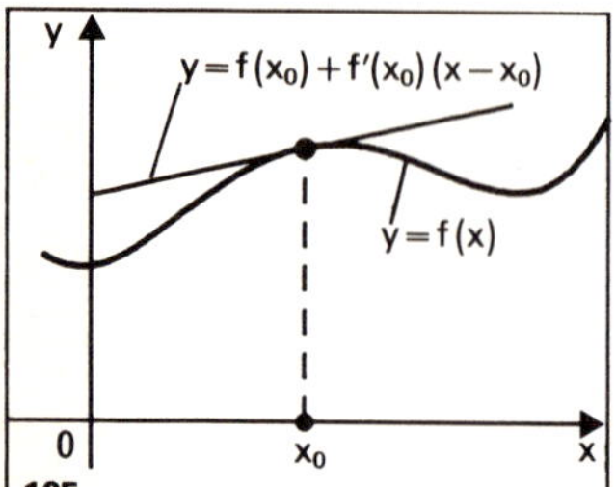

125

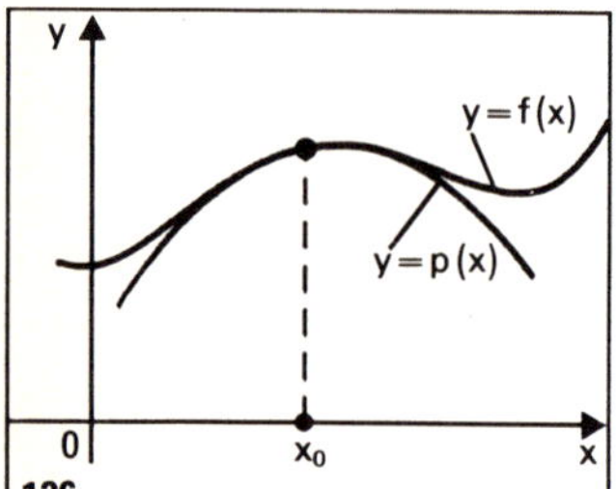

126

6.3 Taylor-Entwicklung

Ist die Funktion f in einer Umgebung der Stelle x_0 beliebig oft differenzierbar, dann kann man sie dort beliebig genau durch Polynomfunktionen annähern (approximieren):

Approximation vom Grad 0:

$$f(x) \approx f(x_0).$$

Dies ist noch keine sehr gute Annäherung, der Fehler $|f(x) - f(x_0)|$ ist in der Umgebung von x_0 in der Regel noch sehr groß (Abb. 124).

Approximation vom Grad 1:

$$f(x) \approx f(x_0) + f'(x_0)(x - x_0).$$

Diese *lineare Approximation* findet man bereits in 5.2 (Tangentennäherung, vgl. Abb. 125).

Approximation vom Grad 2:

$$f(x) \approx f(x_0) + f'(x_0)(x - x_0) + \frac{1}{2} f''(x_0)(x - x_0)^2.$$

Bei dieser *quadratischen Approximation* wird der Graph von f durch einen Parabelbogen angenähert (Abb. 126). Man findet diese Parabel aus dem Ansatz

$$p(x) = a_0 + a_1(x - x_0) + a_2(x - x_0)^2$$

und den Bedingungen

(1) $p(x_0) = f(x_0)$; (2) $p'(x_0) = f'(x_0)$;

(3) $p''(x_0) = f''(x_0)$.

Aus (1) folgt sofort $a_0 = f(x_0)$. Wegen

$$p'(x) = a_1 + 2a_2(x - x_0)$$

folgt aus (2) die Beziehung $a_1 = f'(x_0)$. Schließlich folgt wegen

$$p''(x) = 2a_2$$

aus (3) die Beziehung $a_2 = \frac{1}{2} f''(x_0)$.

Approximation vom Grad n:

Man konstruiert ein Polynom $p(x) = \sum_{i=0}^{n} a_i (x - x_0)^i$ mit $p^{(i)}(x_0) = f^{(i)}(x_0)$ für $i = 0, 1, 2, \ldots, n$. Die Polynomfunktion p soll also an der Stelle x_0 in ihrem Wert und in allen ihren Ableitungen (bis zur n-ten Ableitung) mit der Funktion f übereinstimmen. Es gilt

$$\begin{aligned}
p(x) &= a_0 + a_1(x-x_0) + a_2(x-x_0)^2 + a_3(x-x_0)^3 \\
&\quad + \ldots + a_n(x-x_0)^n, \\
p'(x) &= a_1 + 2a_2(x-x_0) + 3a_3(x-x_0)^2 \\
&\quad + \ldots + n a_n(x-x_0)^{n-1}, \\
p''(x) &= 2a_2 + 6a_3(x-x_0) \\
&\quad + \ldots + (n-1)\cdot n\cdot a_n(x-x_0)^{n-2}, \\
&\ldots\ldots\ldots\ldots\ldots\ldots \\
p^{(n-1)}(x) &= 2\cdot 3\cdot\ldots\cdot(n-1)\cdot n\cdot a_n(x-x_0), \\
p^{(n)}(x) &= 1\cdot 2\cdot 3\cdot\ldots\cdot(n-1)\cdot n\cdot a_n.
\end{aligned}$$

Aus den Bedingungen $p(x_0)=f(x_0)$, $p'(x_0)=f'(x_0)$, $p''(x_0)=f''(x_0), \ldots, p^{(i)}(x_0)=f^{(i)}(x_0), \ldots$ folgt der Reihe nach

$$\begin{aligned}
a_0 &= f(x_0), \\
a_1 &= f'(x_0), \\
2\cdot a_2 &= f''(x_0), \\
2\cdot 3\cdot a_3 &= f'''(x_0), \\
&\ldots\ldots \\
i!\cdot a_i &= f^{(i)}(x_0), \\
&\ldots\ldots
\end{aligned}$$

also

$$a_i = \frac{1}{i!} f^{(i)}(x_0).$$

Dabei ist $i! = 1\cdot 2\cdot 3\cdot\ldots\cdot i$ („i **Fakultät**"). Man erhält die Näherungsformel

$$f(x) \approx \sum_{i=0}^{n} \frac{f^{(i)}(x_0)}{i!}(x-x_0)^i.$$

Das Polynom auf der rechten Seite bezeichnen wir jetzt mit $p_n(x)$.

Für den *Fehler* $R_n(x) := f(x) - p_n(x)$ gilt natürlich $R_n(x_0) = 0$. Unter geeigneten Voraussetzungen über f ist $\lim\limits_{n\to\infty} R_n(x) = 0$ für alle x aus einem bestimmten Intervall I um die Stelle x_0. Es ist dann $f(x) = \lim\limits_{n\to\infty} p_n(x)$, also

$$f(x) = \sum_{i=0}^{\infty} \frac{f^{(i)}(x_0)}{i!}(x-x_0)^i \quad \text{für alle } x \in I.$$

Diese **Potenzreihe** heißt *Taylor-Reihe* von f an der Stelle x_0 (nach B. Taylor, 1685–1731).
Am häufigsten benötigt man Taylor-Reihen von Funktionen an der Stelle 0; diese haben also die Form

$$f(x) = \sum_{i=0}^{\infty} \frac{f^{(i)}(x_0)}{i!} x^i .$$

(Taylor-Reihen dieser Form heißen auch *MacLaurin-Reihen* nach C. MacLaurin, 1698–1746.) Wir geben im folgenden einige wichtige Beispiele an:

Für alle $x \in \mathbb{R}$ gilt

$$e^x = 1 + \frac{x}{1!} + \frac{x^2}{2!} + \frac{x^3}{3!} + \ldots = \sum_{i=0}^{\infty} \frac{x^i}{i!} .$$

Für alle $x \in \mathbb{R}$ gilt

$$\sin x = x - \frac{x^3}{3!} + \frac{x^5}{5!} - + \ldots = \sum_{i=0}^{\infty} (-1)^i \frac{x^{2i+1}}{(2i+1)!} .$$

Für alle $x \in \mathbb{R}$ gilt

$$\cos x = 1 - \frac{x^2}{2!} + \frac{x^4}{4!} - + \ldots = \sum_{i=0}^{\infty} (-1)^i \frac{x^{2i}}{(2i)!} .$$

Für alle $x \in]-1; 1]$ gilt

$$\ln(1+x) = x - \frac{x^2}{2} + \frac{x^3}{3} - + \ldots = \sum_{i=1}^{\infty} (-1)^{i-1} \frac{x^i}{i} .$$

Für alle $x \in [-1; 1]$ gilt

$$\arctan x = x - \frac{x^3}{3} + \frac{x^5}{5} - + \ldots = \sum_{i=0}^{\infty} (-1)^i \frac{x^{2i+1}}{2i+1} .$$

Für $x=1$ liefert die Reihe für e^x eine Darstellung der **Eulerschen Zahl** durch eine Reihe:

$$e = 1 + \frac{1}{1!} + \frac{1}{2!} + \frac{1}{3!} + \ldots = \sum_{i=0}^{\infty} \frac{1}{i!}.$$

Für $x=1$ liefert die Reihe für $\ln(1+x)$:

$$\ln 2 = 1 - \frac{1}{2} + \frac{1}{3} - \frac{1}{4} + - \ldots = \sum_{i=1}^{\infty} (-1)^{i-1} \frac{1}{i}.$$

Für $x=1$ liefert die Reihe für $\arctan x$ eine Darstellung der **Kreiszahl** durch eine Reihe:

$$\frac{\pi}{4} = 1 - \frac{1}{3} + \frac{1}{5} - \frac{1}{7} + - \ldots = \sum_{i=0}^{\infty} (-1)^{i} \frac{1}{2i+1}.$$

6.4 Die Regeln von de l'Hospital

Die Regeln von de l'Hospital (nach G. F. A. de l'Hospital, 1661–1704) dienen zur Berechnung von Grenzwerten der Form $\lim\limits_{x \to x_0} \frac{f(x)}{g(x)}$ mit $f(x_0) = g(x_0) = 0$ oder unbeschränkt wachsenden Werten von f und g.

> Die Funktionen f und g seien in einer **Umgebung** U von x_0 differenzierbar und es sei $g(x) \neq 0$, $g'(x) \neq 0$ für alle $x \in U \setminus \{x_0\}$. Ferner sei
>
> (1) $\lim\limits_{x \to x_0} f(x) = \lim\limits_{x \to x_0} g(x) = 0$
>
> oder
>
> (2) $\lim\limits_{x \to x_0} f(x) = \lim\limits_{x \to x_0} g(x) = \infty$.
>
> Existiert der Grenzwert von $\frac{f'(x)}{g'(x)}$ für $x \to x_0$, dann existiert auch der Grenzwert von $\frac{f(x)}{g(x)}$ für $x \to x_0$ und es gilt
>
> $$\lim_{x \to x_0} \frac{f(x)}{g(x)} = \lim_{x \to x_0} \frac{f'(x)}{g'(x)}.$$

Zum Beweis dieser Regeln benötigt man den zweiten **Mittelwertsatz** der Differentialrechnung.

Entsprechende Regeln gelten

a) für linksseitige Grenzübergänge $x \to x_0^-$,

b) für rechtsseitige Grenzübergänge $x \to x_0^+$,

c) für Grenzübergänge der Form $x \to \infty$,

d) für Grenzübergänge der Form $x \to -\infty$.

Beispiel 1: $\lim\limits_{x\to 0} \dfrac{\ln(1+x)}{x} = \lim\limits_{x\to 0} \dfrac{\frac{1}{1+x}}{1} = 1.$

Beispiel 2: $\lim\limits_{x\to 0} \dfrac{e^x - x - 1}{x^2} = \lim\limits_{x\to 0} \dfrac{e^x - 1}{2x}$

$$= \lim_{x\to 0} \frac{e^x}{2} = \frac{1}{2}$$

(zweimalige Anwendung der Regel).

Beispiel 3: $\lim\limits_{x\to 0} \left(\dfrac{1}{x} - \dfrac{1}{e^x - 1}\right) = \lim\limits_{x\to 0} \dfrac{e^x - 1 - x}{x(e^x - 1)}$

$$= \lim_{x\to 0} \frac{e^x - 1}{e^x - 1 + x e^x}$$

$$= \lim_{x\to 0} \frac{e^x}{e^x(2+x)} = \frac{1}{2}$$

(dreimalige Anwendung der Regel).

Beispiel 4: $\lim\limits_{x\to 0+} \dfrac{\ln(1-x^2)}{x^r} = \lim\limits_{x\to 0+} \dfrac{-2x^{2-r}}{r(1-x^2)} = 0,$

falls $0 < r < 2$.

Beispiel 5: $\lim\limits_{x\to\infty} \dfrac{x^n}{e^x} = \lim\limits_{x\to\infty} \dfrac{n x^{n-1}}{e^x} = \ldots = \lim\limits_{x\to\infty} \dfrac{n!}{e^x} = 0$

für $n \in \mathbb{N}$; hier muß die Regel n-mal angewandt werden.

Beispiel 6: $\lim\limits_{x\to\infty} \dfrac{\ln x}{x^r} = \lim\limits_{x\to\infty} \dfrac{\frac{1}{x}}{r x^{r-1}}$

$$= \lim_{x\to\infty} \frac{1}{r x^r} = 0 \quad \text{für } r > 0.$$

Auf Grenzwerte von Typ $0 \cdot \infty$, $\infty - \infty$, 0^0, 1^∞, ∞^0 kann man obige Regeln anwenden, wenn man zunächst so umformt, daß der Typ $\frac{0}{0}$ oder $\frac{\infty}{\infty}$ erreicht wird, z. B.:

$$f(x)g(x) = \frac{f(x)}{\dfrac{1}{g(x)}},$$

$$f(x) - g(x) = \frac{\dfrac{1}{g(x)} - \dfrac{1}{f(x)}}{\dfrac{1}{g(x)} \cdot \dfrac{1}{f(x)}},$$

$$f(x)^{g(x)} = e^{g(x) \cdot \ln f(x)}.$$

Beispiel 7: $\lim\limits_{x \to 0^+} x \ln x = \lim\limits_{x \to 0^+} \dfrac{\ln x}{\dfrac{1}{x}} = \lim\limits_{x \to 0^+} \dfrac{\dfrac{1}{x}}{-\dfrac{1}{x^2}}$

$= \lim\limits_{x \to 0^+} (-x) = 0.$

Beispiel 8: $\lim\limits_{x \to \infty} x^{\frac{1}{x}} = \lim\limits_{x \to \infty} e^{\frac{\ln x}{x}} = e^{\lim\limits_{x \to \infty} \frac{\ln x}{x}} = e^0 = 1$

(vgl. Beispiel 6). Diesen Grenzwert haben wir in 4.1, Beispiel 6 bereits vermutet.

Beispiel 9: In 4.1, Beispiel 4 haben wir $\lim\limits_{x \to 0} \dfrac{\sin x}{x}$ berechnet. Mit der Regel von de l'Hospital geht das aber jetzt viel schneller:

$$\lim_{x \to 0} \frac{\sin x}{x} = \lim_{x \to 0} \frac{\cos x}{1} = \cos 0 = 1.$$

Hier haben wir aber einen logischen Fehler begangen: Wir benutzen die Ableitung der Sinusfunktion, können diese aber nur berechnen, wenn wir die Grenzwertbeziehung $\lim\limits_{x \to 0} \dfrac{\sin x}{x} = 1$ bereits kennen (vgl. Beispiel 2 in 5.3).

7 Integralrechnung

7.1 Definition und Eigenschaften des Integrals

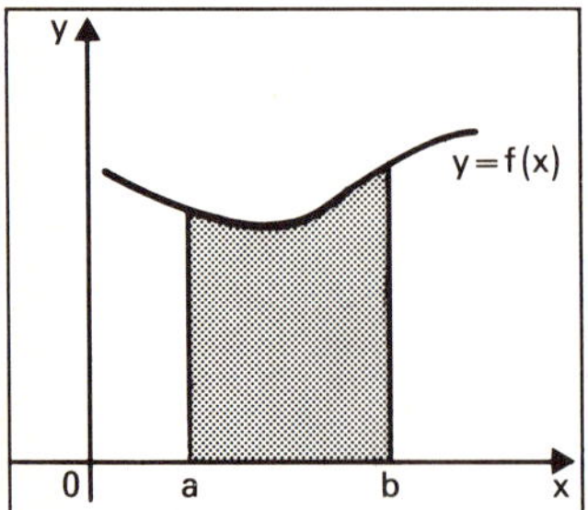

127

Es soll der Flächeninhalt berechnet werden, den der Graph einer beschränkten Funktion f mit der x-Achse zwischen den Stellen a und b einschließt (Abb. 127). Dazu betrachtet man zunächst eine Zerlegung des Intervalls [a; b], also eine Menge

$$Z = \{x_0, x_1, x_2, \ldots, x_n\}$$

mit

$$a = x_0 < x_1 < x_2 < \ldots < x_n = b.$$

Ferner sei

$m_k(f)$ das **Infimum** von f im Intervall $[x_{k-1}; x_k]$,

$M_k(f)$ das **Supremum** von f im Intervall $[x_{k-1}; x_k]$.

Dann heißt

$$\underline{S}_Z(f) := \sum_{k=1}^{n} m_k(f)(x_k - x_{k-1})$$

die *Untersumme* von f bezüglich Z, und

$$\overline{S}_Z(f) := \sum_{k=1}^{n} M_k(f)(x_k - x_{k-1})$$

die *Obersumme* von f bezüglich Z (Abb. 128).

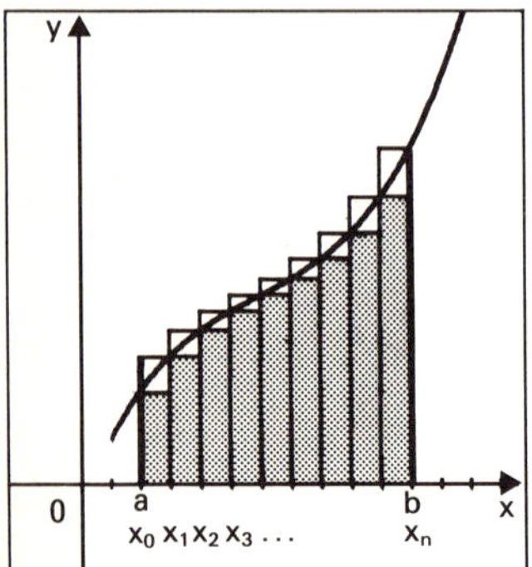

128

Denkt man sich für alle möglichen Zerlegungen Z die Zahlen $\underline{S}_Z(f)$ und $\overline{S}_Z(f)$ gebildet, dann besitzt die Menge der Zahlen $\underline{S}_Z(f)$ ein **Supremum** und die Menge der Zahlen $\overline{S}_Z(f)$ ein **Infimum.** Es sei

$$\underline{S}(f) := \sup_Z \underline{S}_Z(f) \quad \text{und} \quad \overline{S}(f) := \inf_Z \overline{S}_Z(f).$$

Es gilt stets $\underline{S}(f) \leq \overline{S}(f)$; gilt aber

$$\underline{S}(f) = \overline{S}(f),$$

dann heißt f auf [a; b] *integrierbar* und der gemeinsame Wert von $\underline{S}(f)$ und $\overline{S}(f)$ heißt das *Integral* von f über [a; b]; man bezeichnet es mit

$$\int_a^b f(x)\,dx.$$

Ist $f(x) \geq 0$ und integrierbar auf $[a; b]$, dann können wir das Integral von f auf $[a; b]$ als den Flächeninhalt der Punktmenge „unter dem Graph von f" bezeichnen. Umgekehrt kann man mit dem Integral eine analytische Definition des Flächeninhaltsbegriffs geben. Läßt man dabei auch Funktionen mit negativen Werten zu, so erhält man positive und negative Flächeninhalte (**orientierte Flächeninhalte**, vgl. Abb. 129).

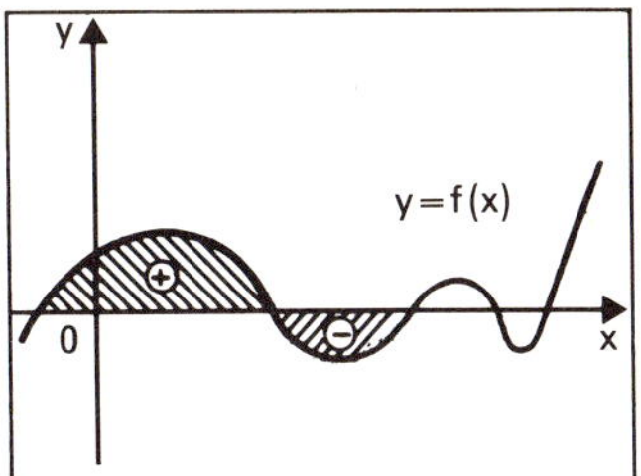

129

Zur Berechnung von Integralen elementarer Funktionen dient der Hauptsatz der Differential- und Integralrechnung (vgl. 7.2). Stetige Funktionen sind immer integrierbar, integrierbare Funktionen müssen aber nicht immer stetig sein, wie das Beispiel der **Treppenfunktionen** zeigt. Die folgenden Regeln für das Integral ergeben sich fast unmittelbar aus der Definition des Integrals:

Die Funktionen f und g seien auf $[a; b]$ integrierbar. Dann sind auch

$$cf \quad (c \in \mathbb{R}), \quad f+g \text{ und } |f|$$

auf $[a; b]$ integrierbar und es gilt

$$\int_a^b cf(x)\,dx = c\int_a^b f(x)\,dx,$$

$$\int_a^b (f+g)(x)\,dx = \int_a^b f(x)\,dx + \int_a^b g(x)\,dx,$$

$$\left|\int_a^b f(x)\,dx\right| \leq \int_a^b |f(x)|\,dx.$$

Ferner gilt: Ist f auf $[a; b]$ und auf $[b; c]$ integrierbar, dann auch auf $[a; c]$ und es ist

$$\int_a^c f(x)\,dx = \int_a^b f(x)\,dx + \int_b^c f(x)\,dx$$

(Intervalladditivität).

Zunächst ist das Integral $\int_a^b f(x)\,dx$ nur für $a<b$ definiert. Man erweitert diese Definition durch die Festsetzungen

$$\int_a^a f(x)\,dx = 0$$

und

$$\int_a^b f(x)\,dx = -\int_b^a f(x)\,dx, \quad \text{falls } b<a.$$

7.2 Der Hauptsatz der Differential- und Integralrechnung

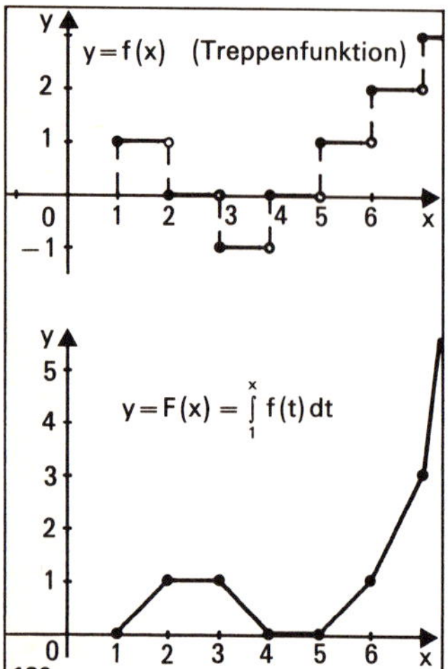

130

Es sei I ein Intervall und f eine auf jedem Intervall $[a; b] \subseteq I$ integrierbare Funktion; ferner sei $x_0 \in I$. Die Funktion F mit $D_F = I$ und

$$F(x) = \int_{x_0}^{x} f(t)\,dt$$

heißt *Integral von f als Funktion der oberen Grenze (Integralfunktion).* Die Funktion F ist stetig auf I, auch wenn der Integrand f auf I nicht stetig ist. Ein Beispiel ist in Abb. 130 dargestellt.

Hauptsatz der Differential- und Integralrechnung: Ist f stetig auf I, so ist F differenzierbar auf I und es gilt dort

$$F'(x) = f(x).$$

Sind f und F auf I definiert und gilt dort

$$F' = f,$$

dann heißt F eine *Stammfunktion* von f. Sind F_1, F_2 Stammfunktionen von f, so ist

$$F_1(x) = F_2(x) + c \quad \text{mit} \quad c \in \mathbb{R}.$$

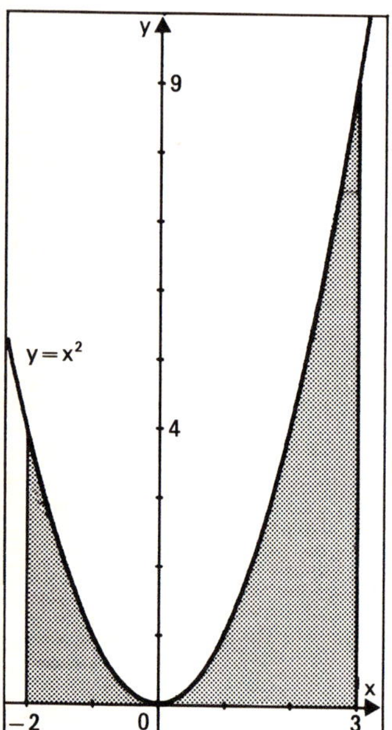

131

Ist F eine Stammfunktion von f, so gilt aufgrund des Hauptsatzes

$$\int_a^b f(x)\,dx = F(b) - F(a).$$

Die rechte Seite kürzen wir mit $[F(x)]_a^b$ ab.

Beispiel 1: Das Integral $\int_{-2}^{3} x^2\,dx$ soll berechnet werden. Eine Stammfunktion von f: $x \mapsto x^2$ ist F: $x \mapsto \frac{1}{3}x^3$. Also ist

$$\int_{-2}^{3} x^2\,dx = \left[\frac{1}{3}x^3\right]_{-2}^{3}$$

$$= \frac{1}{3} \cdot 3^3 - \frac{1}{3} \cdot (-2)^3 = 9 + \frac{8}{3} = 11\frac{2}{3}$$

(vgl. Abb. 131).

Das Aufsuchen einer Stammfunktion ist in gewisser Weise die Umkehrung des Differenzierens. Eine auf I stetige Funktion besitzt zwar immer eine Stammfunktion, diese ist aber manchmal schwer zu finden oder überhaupt nicht durch elementare Funktionen zu beschreiben.

Besitzt f auf I eine Stammfunktion, so bezeichnen wir mit $\int f$ die Menge aller Stammfunktionen von f auf I, also

$$\int f := \{F \mid F' = f \text{ auf } I\}.$$

Man nennt $\int f$ das *unbestimmte Integral* von f und schreibt dafür auch

$$\int f(x)\,dx.$$

Die Beziehung $F \in \int f$ drückt man oft auch in der Form

$$\int f(x)\,dx = F(x) + \text{const.}$$

aus. In dieser Form geben wir einige wichtige Beispiele an, die man sofort durch Differenzieren bestätigen kann (vgl. 5.4):

$$\int x^\alpha dx = \frac{x^{\alpha+1}}{\alpha+1} + \text{const.} \quad (\alpha \neq -1)$$

$$\int \frac{1}{x} dx = \ln x + \text{const.}$$

$$\int a^x dx = \frac{a^x}{\ln a} + \text{const.} \quad (a > 0,\ a \neq 1)$$

$$\int \sin x\,dx = -\cos x + \text{const.}$$

$$\int \cos x\,dx = \sin x + \text{const.}$$

$$\int \tan x\,dx = -\ln \cos x + \text{const.}$$

$$\int \frac{1}{1+x^2} dx = \arctan x + \text{const.}$$

$$\int \frac{1}{\sqrt{1-x^2}} dx = \arcsin x + \text{const.}$$

7.3 Integrationsregeln

Sind F und G Stammfunktionen von f bzw. g, dann ist $F+G$ eine Stammfunktion von $f+g$. Dies schreibt man in der Form

$$\int (f(x)+g(x))\,dx = \int f(x)\,dx + \int g(x)\,dx.$$

Ist F eine Stammfunktion von f und $c \in \mathbb{R}$, dann ist cF eine Stammfunktion von cf, also

$$\int c f(x)\,dx = c \int f(x)\,dx.$$

Aus der Produktregel der Differentiation, also aus

$$(f \cdot g)' = f' \cdot g + f \cdot g'$$

gewinnt man folgende sehr nützliche Integrationsregel:

> *Produktregel (partielle Integration):* Sind f und g **stetig differenzierbar** auf dem Intervall I, dann gilt
>
> $$\int f(x)\,g'(x)\,dx = f(x)\,g(x) - \int f'(x)\,g(x)\,dx.$$
>
> Für $[a;b] \subseteq I$ gilt also
>
> $$\int_a^b f(x)\,g'(x)\,dx = [f(x)\,g(x)]_a^b - \int_a^b f'(x)\,g(x)\,dx.$$

Beispiel 1: $\int x e^x dx = x e^x - \int 1 \cdot e^x dx$

$= x e^x - e^x + \text{const.}$

Also ist z. B. (vgl. Abb. 132)

$$\int_0^1 x e^x dx = [x e^x - e^x]_0^1 = 1.$$

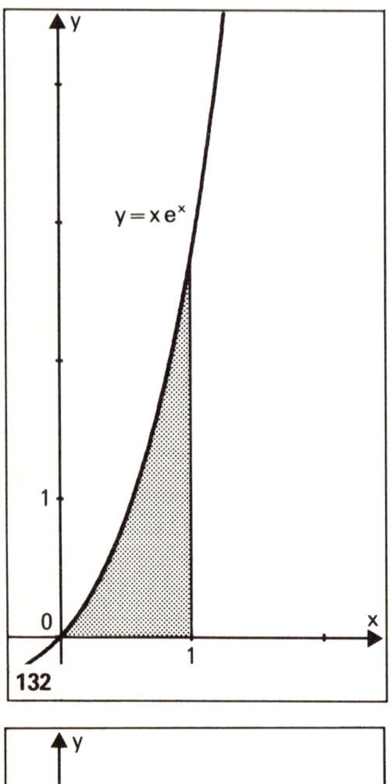

132

Beispiel 2: $\int \ln x\,dx = x \ln x - \int \frac{1}{x} x\,dx$

$= x \ln x - x + \text{const.}$

Also ist z. B. (vgl. Abb. 133)

$$\int_1^4 \ln x\,dx = [x \ln x - x]_1^4 = 4 \ln 4 - 3 \approx 2{,}55.$$

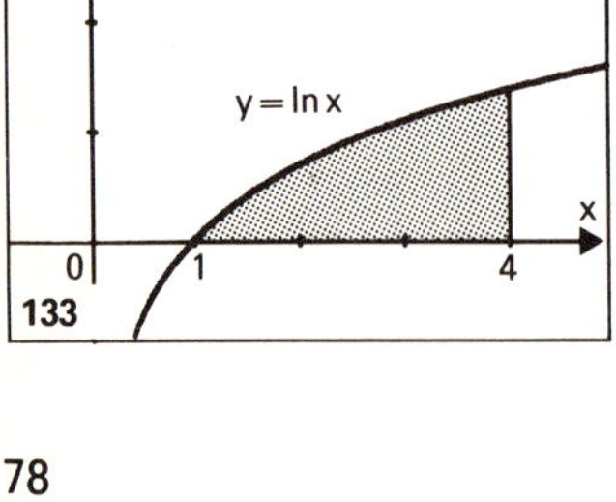

133

Beispiel 3:

$$\int x^2 \sin x\,dx = x^2(-\cos x) - \int 2x(-\cos x)\,dx$$
$$= -x^2 \cos x + 2\int x \cos x\,dx$$
$$= -x^2 \cos x + 2\left(x \sin x - \int \sin x\,dx\right)$$
$$= -x^2 \cos x + 2x \sin x + 2\cos x\,.$$

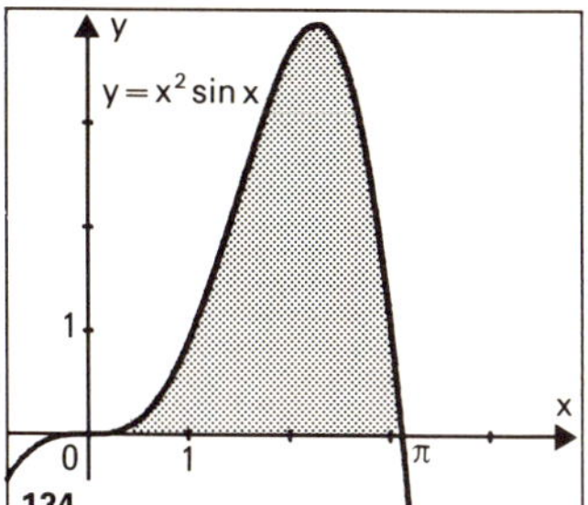

134

Also ist z. B. (vgl. Abb. 134)

$$\int_0^{\pi} x^2 \sin x\,dx = \pi^2 - 4 \approx 5{,}87\,.$$

Aus der Kettenregel (vgl. 5.4)

$$(g \circ f)' = (g' \circ f) \cdot f'$$

ergibt sich ebenfalls eine Integrationsregel:

Substitutionsregel: Für stetig differenzierbare Funktionen f und g gilt

$$\int g'(f(x)) \cdot f'(x)\,dx = g(f(x)) + \text{const.}$$

Beispiel 4: Mit $g(x) = \sqrt{x}$ und $f(x) = e^x + 1$ ergibt sich

$$\int \frac{e^x}{2\sqrt{e^x+1}}\,dx = \sqrt{e^x+1} + \text{const.}$$

Beispiel 5: Um $\int \frac{x \cos\sqrt{x^2+1}}{\sqrt{x^2+1}}\,dx$ zu berechnen, benutzt man die Substitutionsregel zweckmäßigerweise mit

$$g(x) = \sin x \quad \text{und} \quad f(x) = \sqrt{x^2+1}\,.$$

Es ergibt sich damit

$$\int \left(\cos\sqrt{x^2+1}\right) \cdot \left(\frac{x}{\sqrt{x^2+1}}\right) dx = \sin\sqrt{x^2+1} + \text{const.}$$

Der häufig auftretende Sonderfall $f(x) = ax + b$ der Substitutionsregel lautet:

$$\int g'(ax+b)\,dx = \frac{1}{a}\,g(ax+b) + \text{const.}$$

Die Sonderfälle $g(x) = x^2$ und $g(x) = \ln x$ der Substitutionsregel werden ebenfalls recht häufig benötigt:

$$\int f(x) f'(x)\,dx = \frac{1}{2}(f(x))^2 + \text{const.}$$

$$\int \frac{f'(x)}{f(x)}\,dx = \ln f(x) + \text{const.}$$

Beispiel 6: $\int \frac{\ln x}{x}\,dx = \int (\ln x)\cdot\left(\frac{1}{x}\right)dx = \frac{1}{2}(\ln x)^2 + \text{const.}$

Beispiel 7: $\int \frac{2x+1}{x^2+x+1}\,dx = \ln(x^2+x+1) + \text{const.}$

Betrachtet man einen gewissen Bereich von Funktionen (z. B. die rationalen Funktionen), dann gehört die Stammfunktion einer Funktion aus diesem Bereich (sofern sie existiert) nicht unbedingt wieder zu diesem Bereich. Mit Hilfe des Integrals kann man daher neue (bisher nicht bekannte) Funktionsklassen definieren. Man könnte z. B. ausgehend von den rationalen Funktionen die Funktionen ln bzw. arctan durch

$$\ln x := \int_1^x \frac{1}{t}\,dt \quad \text{bzw.} \quad \arctan x := \int_0^x \frac{1}{1+t^2}\,dt$$

definieren. Die Funktionen

$$x \mapsto \int_1^x t^t\,dt \quad \text{und} \quad x \mapsto \int_0^x e^{-t^2}\,dt$$

lassen sich nicht durch die uns bekannten Funktionen ausdrücken, sie gehören nicht zum Bereich der **elementaren Funktionen.**

Existiert keine Stammfunktion von f oder gelingt es nicht, diese zu berechnen, dann bestimmt man das Integral von f über einem Intervall mit Methoden der numerischen Integration (vgl. 7.4).

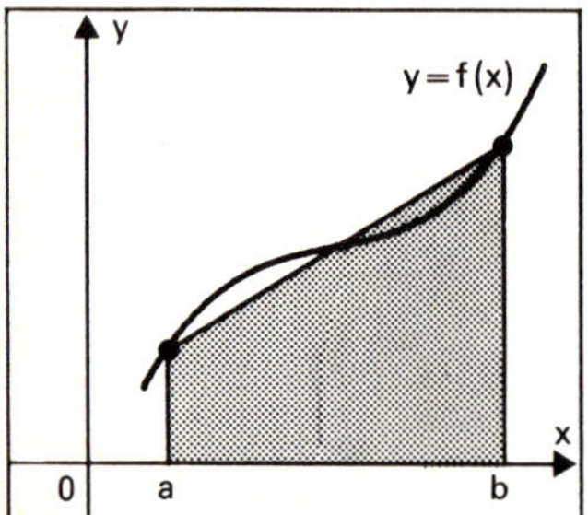

135

7.4 Numerische Integration

Es sei $f(x) \geq 0$. Eine grobe Näherung für das Integral $\int_a^b f(x)\,dx$ ist der Trapezflächeninhalt

$$\frac{f(a)+f(b)}{2}(b-a),$$

wie man aus Abb. 135 ersieht. Eine bessere Näherung

ergibt sich, wenn man das Intervall [a; b] in n gleiche Teile unterteilt und diese Trapezformel auf die Integrale über den Teilintervallen anwendet. Mit den Bezeichnungen in Abb. 136 erhält man die Näherung

$$\int_a^b f(x)\,dx = \sum_{i=1}^{n} \int_{x_{i-1}}^{x_i} f(x)\,dx$$

$$\approx \sum_{i=1}^{n} \frac{f(x_{i-1})+f(x_i)}{2} \cdot \Delta x.$$

Eine Umformung der Summe liefert schließlich:

Trapezregel: Mit $\Delta x := \frac{b-a}{n}$ gilt die Näherungsformel

$$\int_a^b f(x)\,dx \approx \left(\frac{f(a)+f(b)}{2} + \sum_{i=1}^{n-1} f(x_i)\right) \cdot \Delta x.$$

Beispiel: Es soll $\int_0^2 e^{-\frac{1}{2}x^2}\,dx$ berechnet werden. Dazu teilen wir [0; 2] in 10 Teile ein, es ist also $\Delta x = 0{,}2$. Die Trapezregel liefert

$$\int_0^2 e^{-\frac{1}{2}x^2}\,dx \approx \left(\frac{1+e^{-2}}{2} + \sum_{i=1}^{9} e^{-\frac{1}{2}(0{,}2\,i)^2}\right) \cdot 0{,}2.$$

Gemäß nebenstehender Tabelle ergibt sich der Wert 1,1954. Der auf vier Stellen genaue Wert dieses Integrals beträgt 1,1962, der Näherungswert ist also schon recht gut.

Den Fehler bei Anwendungen der Trapezregel kann man durch $\frac{1}{2}(f(b)-f(a))\cdot\Delta x$ abschätzen, wenn f monoton ist (vgl. Abb. 137).

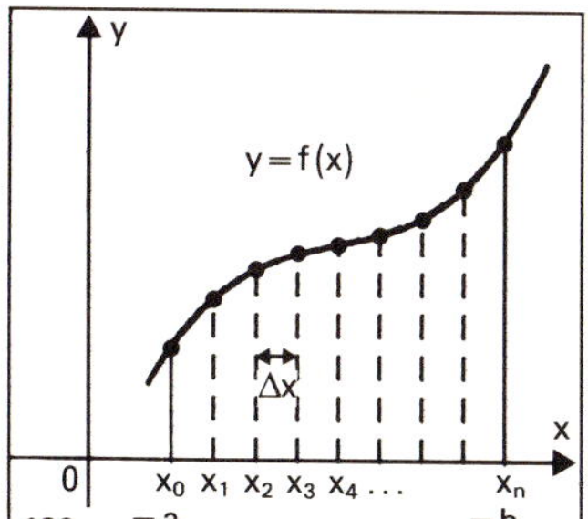

136

i	$e^{-\frac{1}{2}(0,2i)^2}$
1	0,9802
2	0,9231
3	0,8353
4	0,7261
5	0,6065
6	0,4868
7	0,3753
8	0,2780
9	0,1979
$\frac{1+e^{-2}}{2}$	0,5677
$\sum$	5,9769
$0{,}2 \cdot \sum$	1,1954

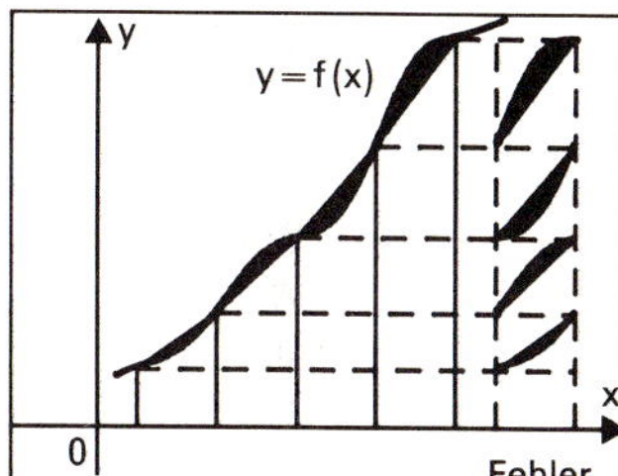

137

8 Anwendungen der Integralrechnung

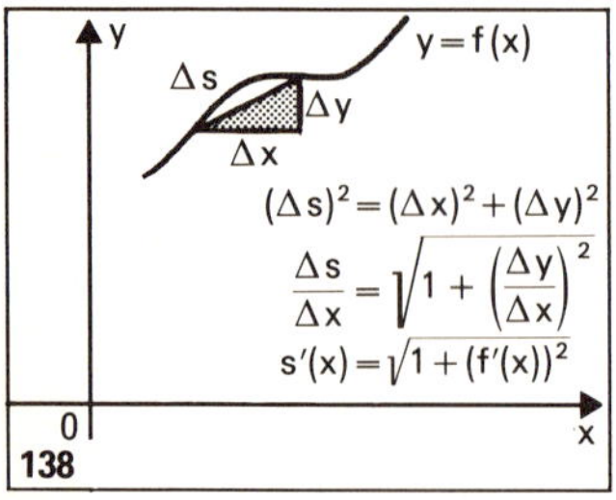

138

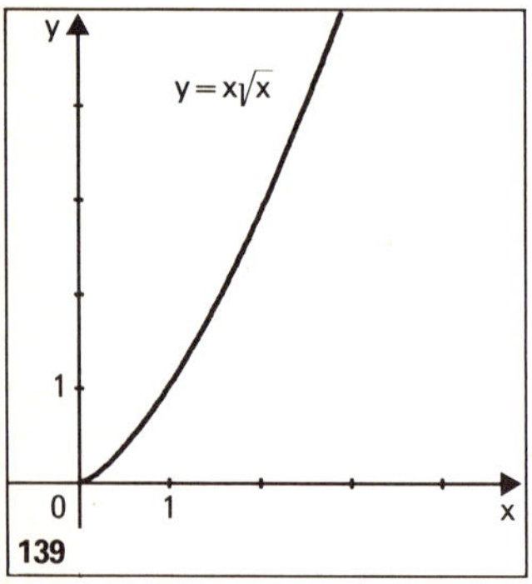

139

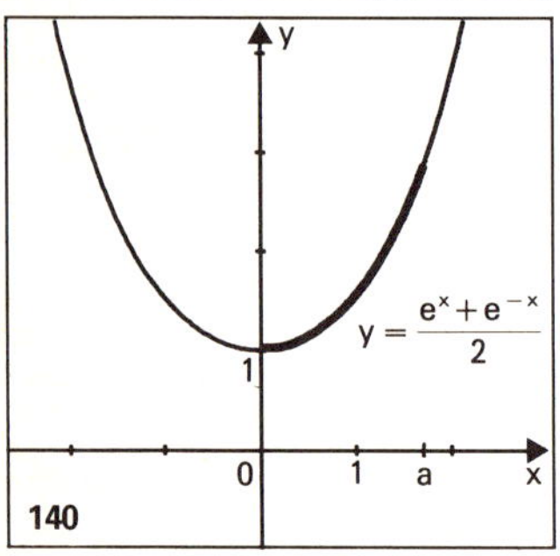

140

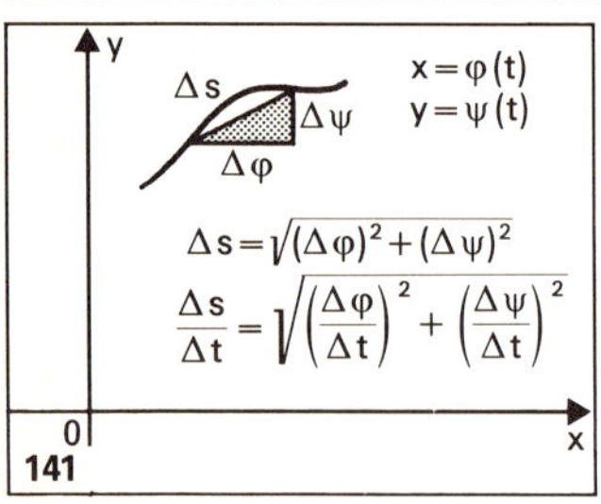

141

8.1 Bogenlänge von Kurven

Die Bogenlänge einer Kurve, die als Graph einer stetig differenzierbaren Funktion über dem Intervall [a; b] gegeben ist, berechnet man nach der Formel (vgl. Abb. 138)

$$L = \int_a^b \sqrt{1 + (f'(x))^2}\, dx.$$

Beispiel 1: Es soll die Länge des Bogens der *Neilschen Parabel* (nach W. Neil, 1637–1670) über dem Intervall [0; 10] berechnet werden (Abb. 139):

$$L = \int_0^{10} \sqrt{1 + \left(\frac{3}{2}\sqrt{x}\right)^2}\, dx = \int_0^{10} \sqrt{1 + \frac{9}{4}x}\, dx$$

$$= \left[\frac{4}{9} \cdot \frac{2}{3} \cdot \left(1 + \frac{9}{4}x\right)^{\frac{3}{2}}\right]_0^{10} = \frac{8}{27}\left(\left(1 + \frac{90}{4}\right)^{\frac{3}{2}} - 1\right)$$

$$\approx 33{,}46.$$

Beispiel 2: Es soll die Länge der **Kettenlinie** über dem Intervall [0; a] berechnet werden (Abb. 140):

$$L = \int_0^a \sqrt{1 + \left(\frac{e^x - e^{-x}}{2}\right)^2}\, dx = \int_0^a \sqrt{\left(\frac{e^x + e^{-x}}{2}\right)^2}\, dx$$

$$= \int_0^a \frac{e^x + e^{-x}}{2}\, dx = \left[\frac{e^x - e^{-x}}{2}\right]_0^a = e^a.$$

Ist die Kurve in Parameterdarstellung gegeben, also

$$\begin{pmatrix} x \\ y \end{pmatrix} = \begin{pmatrix} \varphi(t) \\ \psi(t) \end{pmatrix} \quad \text{für } t \in [u; v],$$

dann ist ihre Länge (vgl. Abb. 141)

$$L = \int_u^v \sqrt{(\varphi'(t))^2 + (\psi'(t))^2}\, dt.$$

Beispiel 3: Für den *Zykloidenbogen* in Abb. 142 ergibt sich

$$L = \int_0^{\pi} \sqrt{((1-\cos t)^2 + (\sin t)^2)}\,dt$$

$$= \int_0^{\pi} \sqrt{4\sin^2 \frac{t}{2}}\,dt = \int_0^{\pi} 2\sin\frac{t}{2}\,dt = 4.$$

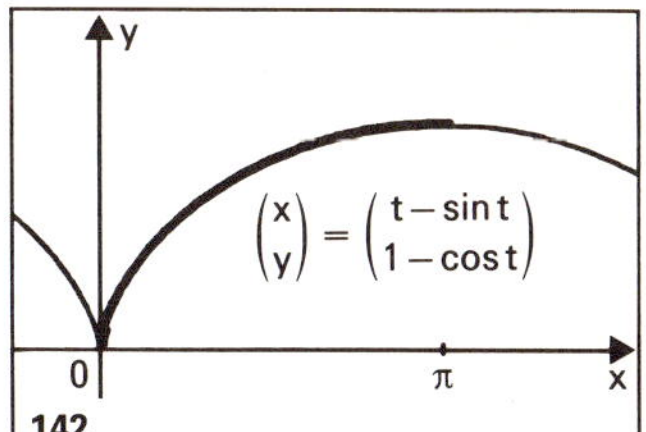

142

8.2 Volumen und Oberfläche von Körpern

Zur Berechnung des Volumens von Körpern eignet sich oft folgender Satz (Abb. 143):

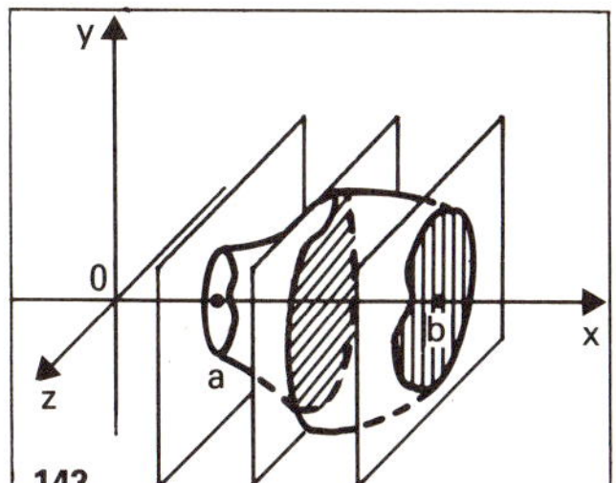

143

> Hat die rechtwinklig zur x-Achse liegende Schnittfläche eines Körpers an der Stelle x den Flächeninhalt q (x), dann hat der Körper zwischen a und b das Volumen
>
> $$V = \int_a^b q(x)\,dx.$$

Beispiel 1: Ein Stausee von 2600 m Länge mit senkrechten Abschlußmauern (Maße vgl. Abb. 144) soll an jeder Stelle einen trapezförmigen Querschnitt haben. (Man beachte, daß die Trapeze der Abschlußmauern nicht zueinander ähnlich sind.) Es soll das Fassungsvermögen des Stausees bestimmt werden. Die Querschnittsfläche hat den Inhalt $q(x) = m(x)\,h(x)$ mit

$$m(x) = 40 + \frac{100}{2600}x, \quad h(x) = 4 + \frac{76}{2600}x.$$

Es ergibt sich

$$q(x) = 160 + \frac{3440}{2600}x + \frac{7600}{2600^2}x^2.$$

Für das Volumen erhält man also

$$V = \int_0^{2600} q(x)\,dx$$

$$= \left[160x + \frac{1720}{2600}x^2 + \frac{7600}{3\cdot 2600^2}x^3\right]_0^{2600}$$

$$= 160\cdot 2600 + 1720\cdot 2600 + \frac{7600}{3}2600$$

$$= 11\,474\,667.$$

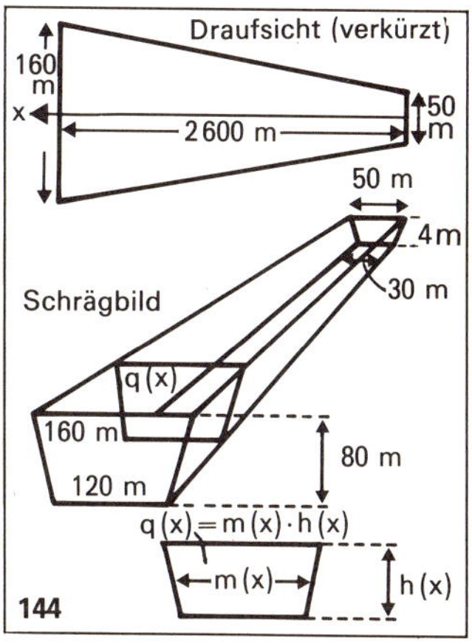

144

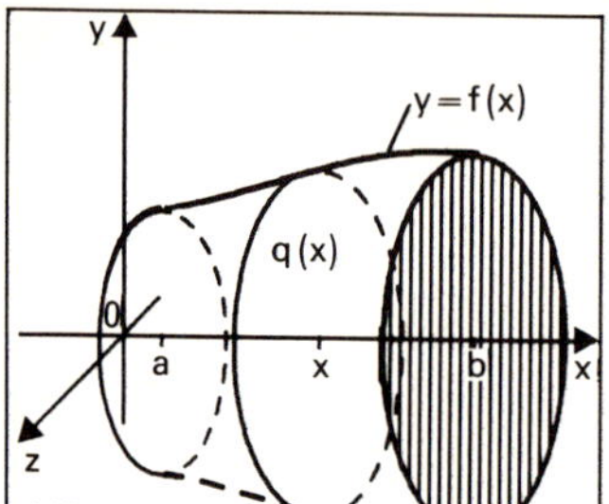

145

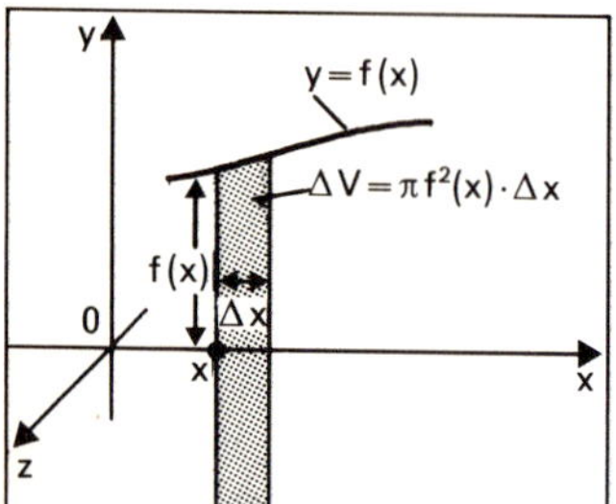

146

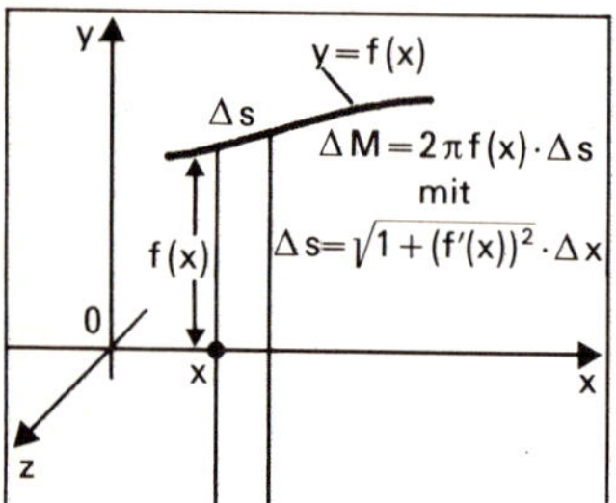

147

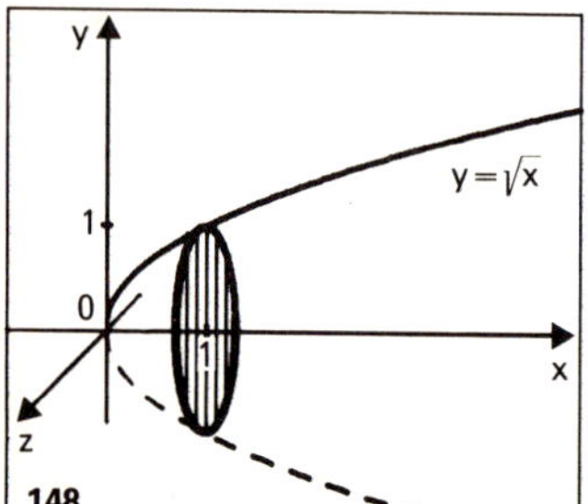

148

Das Fassungsvermögen des Stausees beträgt also etwa 11,5 Millionen Kubikmeter.

Ein Körper, den man sich durch Rotation einer Kurve um die x-Achse entstanden denken kann, heißt *Rotationskörper* (Abb. 145). Handelt es sich bei der Kurve um den Graph der Funktion f über dem Intervall [a; b], dann ist $q(x)=\pi f^2(x)$ und daher (vgl. Abb. 146)

$$V=\pi \int_a^b f^2(x)\,dx.$$

Auch den Inhalt der Mantelfläche eines Rotationskörpers kann man durch ein Integral ausdrücken; es ist (vgl. Abb. 147)

$$M=2\pi \int_a^b f(x)\sqrt{1+(f'(x))^2}\,dx.$$

Bei diesen Formeln ist natürlich die Existenz dieser Integrale vorausgesetzt; dies ist bei der Volumenformel gewährleistet, wenn f stetig auf [a; b] ist, bei der Flächenformel, wenn f′ stetig auf [a; b] ist.

Beispiel 2: Das Paraboloid in Abb. 148 hat das Volumen

$$V=\pi \int_0^1 x\,dx=\frac{1}{2}\pi\approx 1{,}57 \text{ (Volumeneinheiten)}$$

und den Mantelflächeninhalt

$$M=2\pi \int_0^1 \sqrt{x}\sqrt{1+\frac{1}{4x}}\,dx=2\pi \int_0^1 \sqrt{x+\frac{1}{4}}\,dx$$

$$=\left[\frac{4}{3}\pi\left(x+\frac{1}{4}\right)^{\frac{3}{2}}\right]_0^1\approx 5{,}33 \text{ (Flächeneinheiten).}$$

8.3 Uneigentliche Integrale

Das Integral $\int_a^b f(x)\,dx$ ist zunächst nur für den Fall definiert, daß das Integrationsintervall [a; b] endlich ist und daß f auf [a; b] beschränkt ist. Man kann aber den Integralbegriff auf unendliche Integrationsintervalle (Abb. 149) und auf unbeschränkte Funktionen (Abb. 150) erweitern:

Wenn f für jedes $b > a$ auf $[a; b]$ integrierbar ist und der Grenzwert

$$\lim_{b \to \infty} \int_a^b f(x)\,dx$$

existiert, dann heißt f auf $[a; \infty[$ *uneigentlich integrierbar* und obiger Grenzwert das *uneigentliche Integral* von f über $[a; \infty[$. Man schreibt dafür

$$\int_a^\infty f(x)\,dx.$$

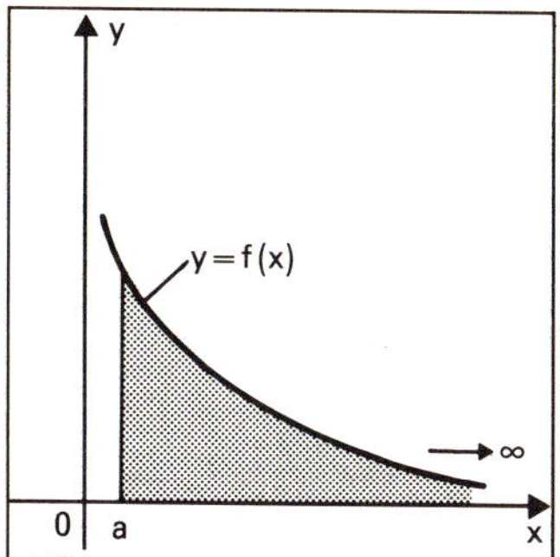

149

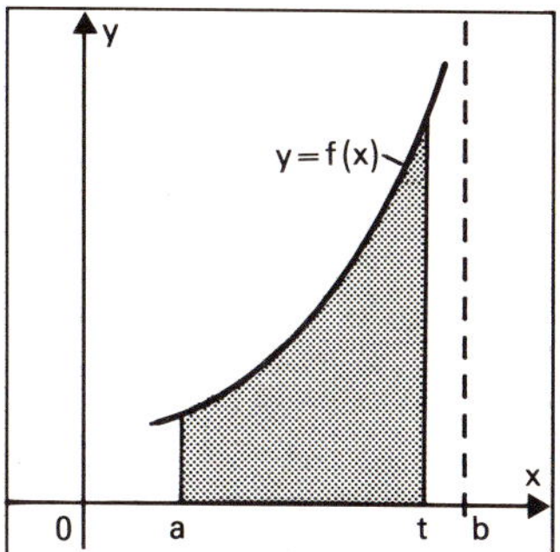

150

In gleicher Weise wird das uneigentliche Integral $\int_{-\infty}^{a} f(x)\,dx$ definiert. Das uneigentliche Integral $\int_{-\infty}^{\infty} f(x)\,dx$ existiert, wenn die uneigentlichen Integrale über $]-\infty; a]$ und $[a; \infty[$ für jedes $a \in \mathbb{R}$ existieren.

Ist f an der Stelle b nicht beschränkt, aber für jedes $t \in [a; b[$ auf $[a; t]$ integrierbar, existiert ferner der linksseitige Grenzwert

$$\lim_{t \to b^-} \int_a^t f(x)\,dx,$$

dann heißt f auf $[a; b]$ *uneigentlich integrierbar* und obiger Grenzwert das *uneigentliche Integral* von f über $[a; b]$. Man schreibt dafür wieder

$$\int_a^b f(x)\,dx.$$

Entsprechend definiert man das uneigentliche Integral, wenn f an der unteren Integrationsgrenze oder an einer Stelle im Innern des Integrationsintervalls nicht beschränkt ist. Man beachte, daß die betreffende Stelle nicht zur Definitionsmenge von f gehören muß.

Beispiel 1: Für $r \neq 1$ ist

$$\int_1^b \frac{1}{x^r}\,dx = \frac{1 - b^{1-r}}{r-1}.$$

Für $1 - r < 0$, also $r > 1$, existiert der Grenzwert $\lim_{b \to \infty} b^{1-r}$, für $r < 1$ existiert dieser Grenzwert nicht.

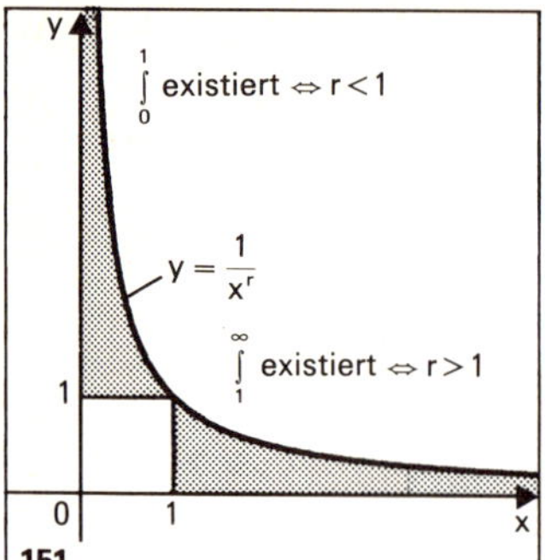

151

Für $r=1$ ergibt sich als Wert des Integrals $\ln b$, und $\lim\limits_{b\to\infty} \ln b$ existiert nicht. Also gilt:
Für $r>1$ ist x^{-r} auf $[1, \infty[$ uneigentlich integrierbar und es gilt

$$\int_1^\infty \frac{1}{x^r}\,dx = \frac{1}{r-1};$$

für $r\leq 1$ ist x^{-r} auf $[1; \infty[$ nicht uneigentlich integrierbar (Abb. 151).
Entsprechend ergibt sich:
Für $r<1$ ist x^{-r} auf $[0; 1]$ uneigentlich integrierbar und es gilt

$$\int_0^1 \frac{1}{x^r}\,dx = \frac{1}{1-r};$$

für $r\geq 1$ ist x^{-r} auf $[0; 1]$ nicht uneigentlich integrierbar (Abb. 151).
Mit Hilfe des uneigentlichen Integrals in diesem Beispiel kann man untersuchen, für welche $r\in\mathbb{R}$ die **Reihe**

$$\sum_{n=1}^{\infty} \frac{1}{n^r}$$

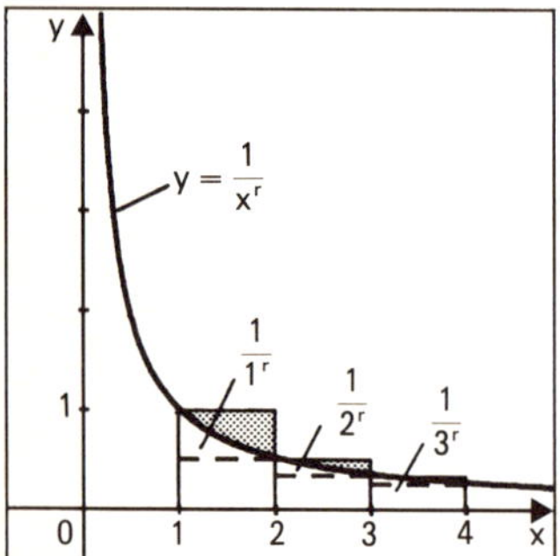

152

konvergiert (vgl. 2.3). Es gilt für $N>2$

$$\sum_{n=2}^{N} \frac{1}{n^r} < \int_1^N \frac{1}{x^r}\,dx < \sum_{n=1}^{N} \frac{1}{n^r},$$

also

$$\left|\sum_{n=1}^{N} \frac{1}{n^r} - \int_1^N \frac{1}{x^r}\,dx\right| \leq 1$$

(vgl. Abb. 152). Daher konvergiert die Reihe genau dann, wenn das uneigentliche Integral von x^{-r} über $[1; \infty[$ existiert, also für $r>1$.

Beispiel 2 (vgl. Abb. 153):

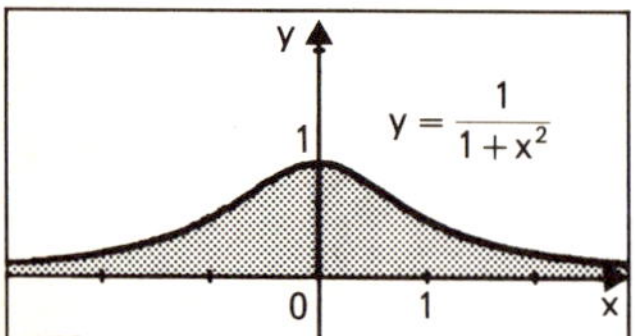

153

$$\int_{-\infty}^{\infty} \frac{dx}{1+x^2} = \lim_{a\to-\infty} \int_a^0 \frac{dx}{1+x^2} + \lim_{b\to\infty} \int_0^b \frac{dx}{1+x^2}$$

$$= \lim_{a\to-\infty} (\arctan 0 - \arctan a)$$

$$+ \lim_{b\to\infty} (\arctan b - \arctan 0)$$

$$= \lim_{b\to\infty} \arctan b - \lim_{a\to-\infty} \arctan a$$

$$= \frac{\pi}{2} + \frac{\pi}{2} = \pi.$$

Beispiel 3: Das uneigentliche Integral $\int_1^{\infty} \frac{1}{x} dx$ existiert nicht (Beispiel 1), die in Abb. 154 schraffierte Fläche hat also „unendlichen" Flächeninhalt. Rotiert diese Fläche um die x-Achse, so entsteht ein Rotationskörper mit *endlichem* Rauminhalt

$$V = \pi \int_1^{\infty} \frac{1}{x^2} dx = \pi .$$

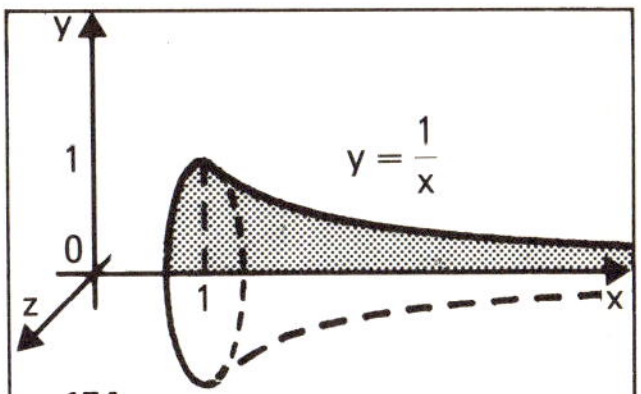

154

Beispiel 4: Wendet man die Formel für die Bogenlänge aus 8.1 auf die Funktion $f: x \mapsto \sqrt{1-x^2}$ über $[0; 1[$ an (vgl. Abb. 155), dann ergibt sich wegen

$$(f'(x))^2 = \left(\frac{-2x}{2\sqrt{1-x^2}}\right)^2 = \frac{x^2}{1-x^2}$$

über $[0; 1[$ das uneigentliche Integral $\int_0^1 \frac{1}{\sqrt{1-x^2}} dx$.

Nun gilt $(\arcsin x)' = \frac{1}{\sqrt{1-x^2}}$ (vgl. 5.5) über $[0; 1[$. Damit ergibt sich (erwartungsgemäß)

$$\int_0^1 \frac{1}{\sqrt{1-x^2}} dx = \lim_{t \to 1^-} \int_0^t \frac{1}{\sqrt{1-x^2}} dx$$

$$= \lim_{t \to 1^-} (\arcsin t - \arcsin 0)$$

$$= \arcsin 1 = \frac{\pi}{2} .$$

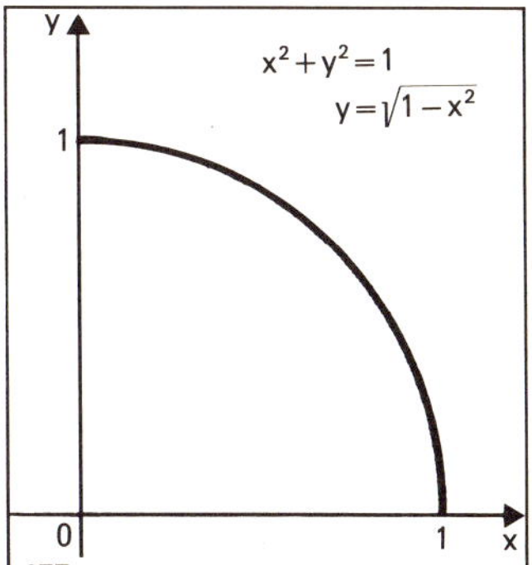

155

Man kann also die **Kreiszahl** π mit Hilfe eines uneigentlichen Integrals definieren.

Glossar

A

Abbildung

Ist jedem Element einer Menge A genau ein Element einer Menge B zugeordnet, so nennt man diese eindeutige Zuordnung eine *Abbildung von A in B.* Bezeichnet man diese Abbildung mit dem Buchstaben f, so schreibt man $f: A \to B$. Ist dabei dem Element $a \in A$ das Element $b \in B$ zugeordnet, so schreibt man $f: a \mapsto b$. Die Menge A heißt die *Ausgangsmenge* oder **Definitionsmenge** von f, die Menge B die *Zielmenge, Bildmenge* oder **Wertemenge** von f.
Eine Abbildung mit der Definitionsmenge $\mathbb{N}$ (Menge der natürlichen Zahlen) heißt eine *Folge* (vgl. 2.1); ist dabei die Wertemenge eine Teilmenge von $\mathbb{R}$ (Menge der **reellen Zahlen**), so spricht man von einer *Zahlenfolge.*
Sind A und B Teilmengen von $\mathbb{R}$, so nennt man die Abbildung eine *Funktion* (vgl. 3.1). Insbesondere ist also jede Zahlenfolge (vgl. 2.1) eine Funktion.

abzählbar

Eine unendliche Menge M heißt *abzählbar,* wenn eine **bijektive Abbildung** von $\mathbb{N}$ auf M existiert. Jedes Element von M trägt dann eine Nummer, und verschiedene Elemente tragen auch verschiedene Nummern. Daher nennt man M in diesem Falle auch *numerierbar.*
Die Menge der rationalen Zahlen ist abzählbar (vgl. 1.1). Dies erkennt man z. B. mit Hilfe des *1. Cantorschen Diagonalverfahrens* (nach G. Cantor, 1845–1918), welches folgender Abbildung zu entnehmen ist:

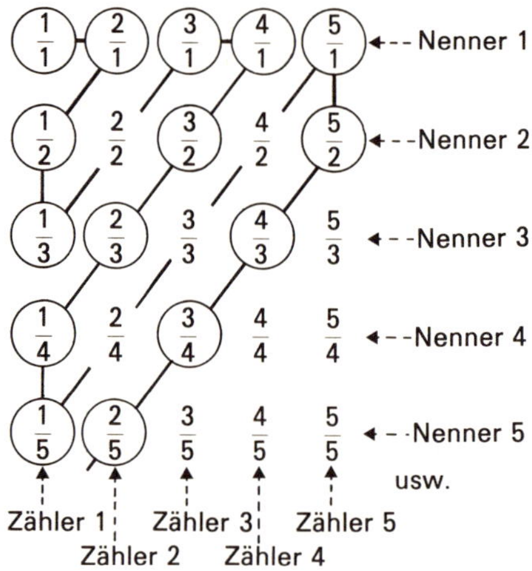

156

Die Menge der **reellen Zahlen** ist nicht abzählbar, sie ist *überabzählbar.* Dies erkennt man z. B. mit Hilfe des *2. Cantorschen Diagonalverfahrens:* Wir nehmen an, $\mathbb{R}$ wäre abzählbar. Dann wäre auch das reelle Intervall $[0; 1[$ abzählbar, die reellen Zahlen aus $[0; 1[$ könnte man sich also in einer (unendlichen) Liste geschrieben denken:

1. Zahl: $0, a_{11}\, a_{12}\, a_{13}\, a_{14}\, a_{15} \ldots$
2. Zahl: $0, a_{21}\, a_{22}\, a_{23}\, a_{24}\, a_{25} \ldots$
3. Zahl: $0, a_{31}\, a_{32}\, a_{33}\, a_{34}\, a_{35} \ldots$
4. Zahl: $0, a_{41}\, a_{42}\, a_{43}\, a_{44}\, a_{45} \ldots$
5. Zahl: $0, a_{51}\, a_{52}\, a_{53}\, a_{54}\, a_{55} \ldots$

. . . .

Dabei seien die Zahlen in ihrer **Dezimalbruchentwicklung** gegeben, wobei der Eindeutigkeit zuliebe Neunerperioden ausgeschlossen sind. Nun gibt es aber sicher Dezimalzahlen der Form

$0, b_1 b_2 b_3 b_4 b_5 \ldots$ mit $b_i \neq a_{ii}$

im Intervall [0; 1[. Diese kommen in obiger Liste aber nicht vor, da dort die i-te Zahl an der i-ten Stelle die Ziffer a_{ii} besitzt. Die Annahme, [0; 1[sei abzählbar, führt also zu einem Widerspruch.

Additionstheoreme

Allgemein nennt man ein *Additionstheorem* jeden Satz über eine Funktion f der Gestalt

$f(a+b) = F(f(a), f(b))$,

wobei F eine Funktion von zwei Variablen ist. Ein Beispiel hierfür ist das Additionstheorem der Funktion f: $x \mapsto 2^x$ (vgl. 3.5):

$2^{a+b} = 2^a \cdot 2^b$; hier ist $F(u, v) = u \cdot v$.

Am bekanntesten sind die *Additionstheoreme für die trigonometrischen Funktionen* (vgl. 3.6). Diese und einige aus ihnen hergeleitete Formeln sind im folgenden angegeben:

$$\sin(x+y) = \sin x \cos y + \cos x \sin y$$

$$\cos(x+y) = \cos x \cos y - \sin x \sin y$$

$$\tan(x+y) = \frac{\tan x + \tan y}{1 - \tan x \tan y}$$

$$\cot(x+y) = \frac{\cot x \cot y - 1}{\cot x + \cot y}$$

$\sin 2x = 2 \sin x \cos x$	$\sin \frac{x}{2} = \pm\sqrt{\frac{1-\cos x}{2}}$
$\cos 2x = \cos^2 x - \sin^2 x$	$\cos \frac{x}{2} = \pm\sqrt{\frac{1+\cos x}{2}}$
$\tan 2x = \frac{2 \tan x}{1 - \tan^2 x}$	$\tan \frac{x}{2} = \frac{\sin x}{1 + \cos x}$
$\cot 2x = \frac{\cot^2 x - 1}{2 \cot x}$	$\cot \frac{x}{2} = \frac{\sin x}{1 - \cos x}$

$$\sin x + \sin y = 2 \sin \frac{x+y}{2} \cos \frac{x-y}{2}$$

$$\cos x + \cos y = 2 \cos \frac{x+y}{2} \cos \frac{x-y}{2}$$

archimedisches Axiom

(nach Archimedes von Syrakus, 287?-212 v. Chr.) Man nennt den **Körper** der **reellen Zahlen** und den der **rationalen Zahlen** *archimedisch angeordnet,* da diese Körper das sog. *archimedische Axiom* erfüllen. Es lautet:

Zu je zwei Zahlen a, b mit $0 < a < b$ gibt es ein $n \in \mathbb{N}$ mit $b < n \cdot a$.

arithmetische Folge

Eine *arithmetische Folge* $\langle a_n \rangle$ wird üblicherweise dadurch gekennzeichnet, daß die Differenz aufeinanderfolgender Glieder gleich ist (vgl. 2.1). Man kann sie auch definieren als eine Folge, bei der jedes Glied (außer dem ersten) das arithmetische Mittel seiner Nachbarglieder ist:

$$a_n = \frac{1}{2}(a_{n-1} + a_{n+1}) \quad \text{für } n \geq 2.$$

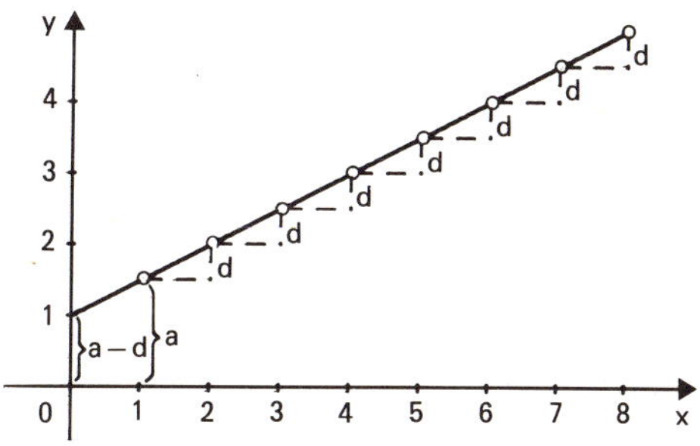

157

Die Punkte $(n | a_n)$ mit $a_n = a + (n-1)d$ liegen auf der Geraden mit der Gleichung

$$y = a + (x-1)d \quad \text{bzw.} \quad y = dx + (a-d).$$

(Vgl. hierzu auch **geometrische Folge** und **harmonische Folge.**)

Aussageform

Eine *Aussage* ist ein Satz („sprachliches Gebilde"), welchem einer der Wahrheitswerte „wahr" oder „falsch" zugeordnet werden kann. Ein Satz, der Variable enthält, heißt *Aussageform,* wenn er bei Ersetzung der Variablen durch Elemente einer gegebenen *Grundmenge* G in eine Aussage übergeht. Dabei erhält man eine *Lösung* der Aussageform, wenn die entstandene Aussage wahr ist. Ist A(x) eine Aussageform über der Grundmenge G, so bezeichnet man mit

$$\{x \in G \mid A(x)\}$$

die *Lösungsmenge* von A(x) über G. Besonders wichtige Aussageformen sind Gleichungen und **Ungleichungen.**

Eine Aussageform heißt über G

- *unerfüllbar,* wenn sie keine Lösung in G besitzt,
- *teilgültig,* wenn sie eine nichtleere echte Teilmenge von G als Lösungsmenge besitzt,
- *allgemeingültig,* wenn ihre Lösungsmenge G ist.

Die Allgemeingültigkeit einer Aussageform über der Menge der natürlichen Zahlen beweist man häufig mit dem Prinzip der vollständigen Induktion (vgl. 2.2).

B

beschränkt

a) Eine Menge M **reeller Zahlen** heißt *nach oben beschränkt,* wenn eine Zahl S existiert mit $x \leq S$ für alle $x \in M$;
nach unten beschränkt, wenn eine Zahl s existiert mit $s \leq x$ für alle $x \in M$;
beschränkt, wenn sie nach oben und nach unten beschränkt ist.
Die Menge M ist genau dann beschränkt, wenn eine positive Zahl K existiert mit

$$|x| \leq K \quad \text{für alle } x \in M.$$

b) Eine Folge reeller Zahlen heißt beschränkt (nach oben beschränkt, nach unten beschränkt), wenn die Menge der Folgenglieder diese Eigenschaft hat (vgl. a)).

c) Eine Funktion f heißt beschränkt (nach oben beschränkt, nach unten beschränkt) auf einer Teilmenge A der **Definitionsmenge** D_f, wenn die **Wertemenge** von f über A diese Eigenschaft hat (vgl. a)).

Betrag

Der Betrag einer **reellen Zahl** a ist definiert durch

$$|a| := \begin{cases} a, & \text{falls } a \geq 0, \\ -a, & \text{falls } a < 0. \end{cases}$$

Man kann |a| auch durch $|a| := \sqrt{a^2}$ definieren.
Man findet dafür auch die (ältere) Bezeichnung *absoluter Betrag.* Für das Rechnen mit Beträgen sind folgende Beziehungen wichtig:

(1) $|a \cdot b| = |a| \cdot |b|$;

(2) $|a + b| \leq |a| + |b|$ **(Dreiecksungleichung).**

bijektive Abbildung

Eine **Abbildung** (Funktion) $f: A \to B$ heißt *bijektiv,* wenn gilt:

(1) f ist *injektiv,* d.h. verschiedene Elemente aus A haben stets verschiedene Bilder in B;

(2) f ist *surjektiv,* d.h. jedes Element aus B kommt als Bild vor.

Eine bijektive Abbildung heißt auch *eineindeutig.* Genau dann besitzt eine Abbildung f eine Umkehrung **(Umkehrfunktion),** wenn sie bijektiv ist. Daher bedeutet „bijektiv" dasselbe wie „umkehrbar".

binomischer Lehrsatz

Für beliebige Zahlen a, b und jede natürliche Zahl n gilt

$$(a+b)^n = a^n + \binom{n}{1} a^{n-1} b + \binom{n}{2} a^{n-2} b^2 + \ldots$$

$$\ldots + \binom{n}{i} a^{n-i} b^i + \ldots + b^n,$$

also

$$(a+b)^n = \sum_{i=0}^{n} \binom{n}{i} a^{n-i} b^i.$$

Dabei sind die Koeffizienten $\binom{n}{i}$ die *Binomialkoeffizienten,* definiert durch

$$\binom{n}{i} := \frac{n(n-1)(n-2)\ldots(n-i+1)}{1 \cdot 2 \cdot 3 \cdot \ldots \cdot i} = \frac{n!}{i!\,(n-i)!}.$$

Man kann die Binomialkoeffizienten auch rekursiv definieren bzw. berechnen:

$$\binom{n}{0} = \binom{n}{n} := 1;$$

$$\binom{n+1}{i+1} := \binom{n}{i} + \binom{n}{i+1}.$$

Gemäß dieser Rekursion kann man die Binomialkoeffizienten im *Pascalschen Dreieck* (nach B. Pascal, 1623–1662) berechnen:

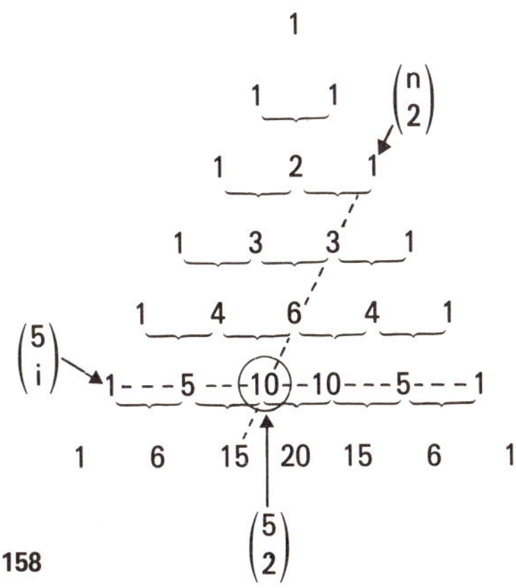

158

C

Cavalierisches Prinzip

Dieses auf B. Cavalieri (1598–1647) zurückgehende Prinzip ist eine Methode zum Vergleich bzw. zur Berechnung von Rauminhalten: Stehen zwei Körper auf derselben Ebene und werden sie von jeder Parallelebene in flächeninhaltsgleichen Figuren geschnitten, so haben sie denselben Rauminhalt. Dieses Prinzip folgt aus der Volumenformel (vgl. 8.2)

$$V = \int_a^b q(x)\,dx.$$

Beispiel: Für den allgemeinen Kegel gilt mit den Bezeichnungen untenstehender Abbildung

$$q(x) = G \cdot \left(\frac{x-h}{h}\right)^2.$$

Also ist sein Volumen

$$V=\int_0^h G\cdot\left(\frac{x-h}{h}\right)^2 dx$$

$$=\frac{G}{h^2}\int_0^h (x-h)^2 dx=\frac{1}{3}\cdot G\cdot h.$$

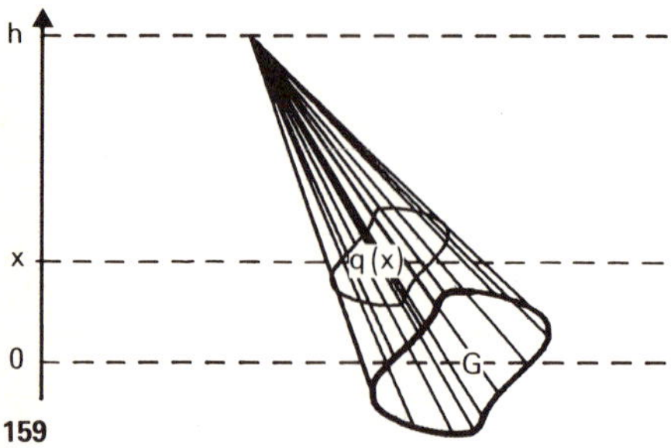

159

Das Cavalierische Prinzip findet auch Anwendung bei der Berechnung des Volumens von Rotationskörpern (vgl. 8.2).

D

Definitionslücke

Ist eine Funktion in einer Umgebung einer Stelle x_0 definiert, nicht aber an der Stelle x_0, dann heißt x_0 eine *Definitionslücke* von f. Bei einer rationalen Funktion (vgl. 3.3) sind die Nullstellen des Nennerpolynoms Definitionslücken. Die Funktion $x \mapsto \frac{\sin x}{x}$ hat die Definitionslücke 0. Existiert der Grenzwert c von f an einer Definitionslücke x_0, dann kann man f zu einer an der Stelle x_0 stetigen Funktion f* ergänzen:

$$f^*(x)=\begin{cases} f(x) & \text{für } x\in D_f, \\ c & \text{für } x=x_0. \end{cases}$$

Dann heißt die Definitionslücke *stetig hebbar.* Die Definitionslücken der rationalen Funktionen sind stetig hebbar oder **Polstellen.**

Definitionsmenge

Eine Funktion f ordnet jeder Zahl aus einer Menge D_f eindeutig eine Zahl zu (vgl. 3.1). Dabei heißt D_f die *Definitionsmenge* von f. Zur genauen Beschreibung einer Funktion gehört stets die Angabe der Definitionsmenge, da Funktionen über verschiedenen Definitionsmengen auch dann als verschieden gelten, wenn die Funktionsterme gleich sind. Beispielsweise sind die Funktionen

$f\colon x \mapsto x^2$ mit $D_f=\mathbb{R}$

und

$g\colon x \mapsto x^2$ mit $D_g=[-2;5]$

wohl zu unterscheiden. Die größtmögliche Definitionsmenge von f wird durch die größtmögliche Definitionsmenge des Funktionsterms f(x) festgelegt. Z. B. hat die Funktion f mit dem Funktionsterm

$f(x)=\sqrt{3-x}+\sqrt{3+x}$

als größtmögliche Definitionsmenge das Intervall $[-3;3]$.
Statt der Bezeichnung *Definitionsmenge* sind auch die Bezeichnungen *Definitionsbereich* und *Ausgangsmenge* üblich.

Dezimalbruchentwicklung

Die Dezimalbruchentwicklung einer **reellen Zahl** kann man als Darstellung dieser Zahl durch eine **Reihe** deuten:

$$0{,}a_1a_2a_3\ldots=\frac{a_1}{10}+\frac{a_2}{100}+\frac{a_3}{1000}+\ldots$$

Ist die Zahl **irrational,** so gewinnt man den Anfang ihrer Dezimalbruchentwicklung z. B. aus einer Intervallschachtelung (vgl. 1.2). Ist die Zahl **rational,** so gewinnt man ihre Dezimalbruchentwicklung mit Hilfe des Divisionsalgorithmus für natürliche Zahlen. Eine Zahl ist genau dann rational, wenn ihre Dezimalbruchentwicklung periodisch ist. Ein periodischer Dezimalbruch läßt sich mit Hilfe der Formel

$$\sum_{i=0}^{\infty} q^i = \frac{1}{1-q} \quad \text{für } |q|<1$$

für die geometrische Reihe (Summenfolge der **geometrischen Folge**) leicht als Bruch darstellen. Beispielsweise ist

$$2{,}7\overline{319} = \frac{1}{10} \cdot \left(27 + \frac{319}{1000} \cdot \sum_{i=0}^{\infty} \left(\frac{1}{1000}\right)^i\right)$$
$$= \frac{1}{10} \cdot \left(27 + \frac{319}{1000} \cdot \frac{1}{1 - \frac{1}{1000}}\right)$$
$$= \frac{1}{10} \cdot \left(27 + \frac{319}{999}\right) = \frac{27\,292}{9\,990}.$$

Dreiecksungleichung

Für **reelle Zahlen** gilt die Ungleichung

$$|a+b| \leq |a| + |b|$$

(Betrag) und allgemein

$$\left|\sum_{i=1}^{n} a_i\right| \leq \sum_{i=1}^{n} |a_i|.$$

Dies nennt man die *Dreiecksungleichung.* Aus ihr folgt auch

$$||a| - |b|| \leq |a+b|.$$

Die Dreiecksungleichung gilt auch für **komplexe Zahlen,** wo ihre geometrische Bedeutung sichtbar wird:

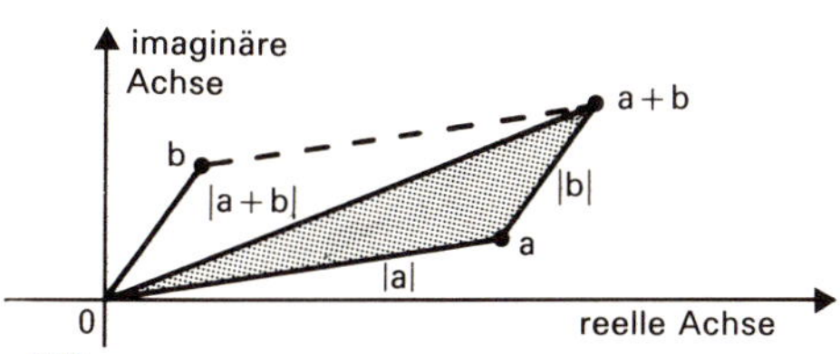

160

E

einseitige Ableitungen

Ist die Funktion f auf dem offenen Intervall $]x_0; b[$ definiert und existiert der rechtsseitige Grenzwert (vgl. **einseitige Grenzwerte**)

$$\lim_{x \to x_0^+} \frac{f(x) - f(x_0)}{x - x_0},$$

dann heißt f an der Stelle x_0 *rechtsseitig differenzierbar* und der Grenzwert heißt die *rechtsseitige Ableitung* von f an der Stelle x_0. Entsprechend ist der Begriff der *linksseitigen Ableitung* definiert.
An einer *Knickstelle* von f bzw. des Graphen von f ist f stetig (vgl. 4.3) und sowohl rechtsseitig als auch linksseitig differenzierbar, jedoch stimmen rechts- und linksseitige Ableitung nicht überein:

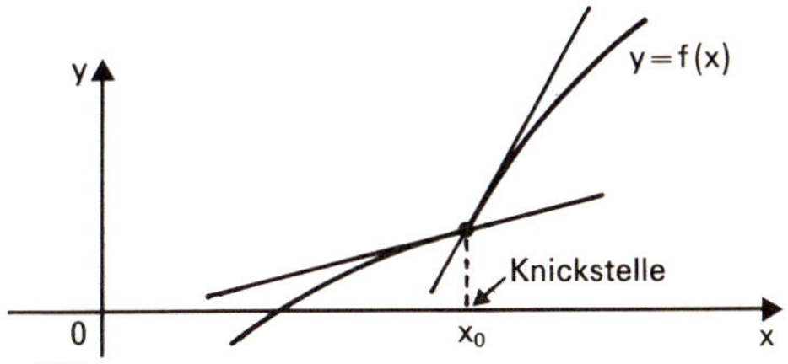

161

Ist f an der Stelle x_0 differenzierbar (vgl. 5.1), dann stimmen die einseitigen Ableitungen an der Stelle x_0 mit der Ableitung an der Stelle x_0 überein.

einseitige Grenzwerte

Ist die Funktion auf dem offenen Intervall $]x_0; b[$ definiert und gilt für jede Folge $\langle x_n \rangle$ mit

$$x_n > x_0 \ (n \in \mathbb{N}) \quad \text{und} \quad \lim_{n \to \infty} x_n = x_0$$

auch

$$\lim_{n \to \infty} f(x_n) = c,$$

dann heißt c der *rechtsseitige Grenzwert* von f an der Stelle x_0 und man schreibt

$$\lim_{x \to x_0^+} f(x) = c \quad \text{oder} \quad \lim_{x \downarrow x_0} f(x) = c\,.$$

Entsprechend ist der *linksseitige Grenzwert* von f an der Stelle x_0 definiert; hier schreibt man

$$\lim_{x \to x_0^-} f(x) = d \quad \text{oder} \quad \lim_{x \uparrow x_0} f(x) = d\,.$$

Existieren an einer Stelle x_0 sowohl der rechtsseitige als auch der linksseitige Grenzwert von f, und sind diese voneinander verschieden, dann liegt eine **Sprungstelle** von f bzw. des Graphen von f vor:

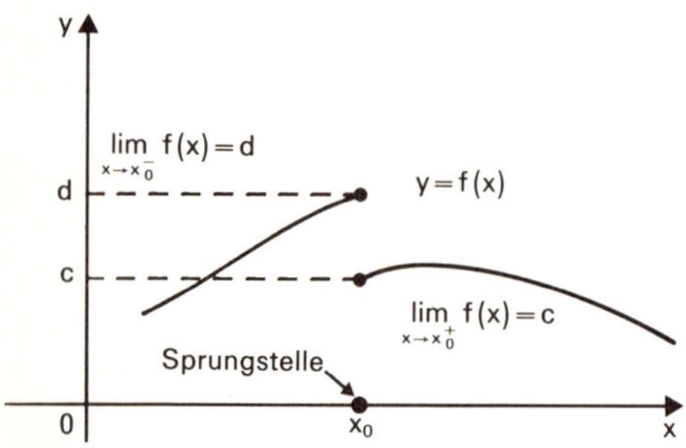

162

Wächst f(x) bei einseitiger Annäherung an die Stelle x_0 über jede positive Schranke, so schreibt man

$$\lim_{x \to x_0^+} f(x) = +\infty \quad \text{bzw.} \quad \lim_{x \to x_0^-} f(x) = +\infty\,.$$

Fällt f(x) bei einseitiger Annäherung an die Stelle x_0 unter jede negative Schranke, so schreibt man

$$\lim_{x \to x_0^+} f(x) = -\infty \quad \text{bzw.} \quad \lim_{x \to x_0^-} f(x) = -\infty\,.$$

In diesen Fällen besitzt der Graph von f an der Stelle x_0 eine (zur y-Achse parallele) *Asymptote.*

elementare Funktion

Der Begriff der elementaren Funktion ist in der Literatur nicht einheitlich definiert. In der Regel versteht man darunter jede Funktion, die durch Addition, Multiplikation, Division, Verkettung und Umkehrung aus den konstanten Funktionen $x \mapsto a\ (a \in \mathbb{R})$, der identischen Funktion $x \mapsto x$, der Sinusfunktion und der Exponentialfunktion gewonnen werden kann. Demzufolge ist

$$x \mapsto \sqrt[5]{10^{\sin x} + \lg(1 + x^2)}$$

eine elementare Funktion.

Eine Funktion heißt *elementar integrierbar,* wenn sie eine Stammfunktion besitzt, welche elementar ist (vgl. 7.2). Die Funktionen

$$x \mapsto x^x \quad \text{und} \quad x \mapsto e^{-x^2}$$

sind Beispiele für elementare Funktionen, die nicht elementar integrierbar sind.

Eulersche Zahl

Die *Eulersche Zahl* e (nach L. Euler, 1707–1783) ist definiert durch

$$e := \lim_{n \to \infty} \left(1 + \frac{1}{n}\right)^n.$$

Es ist

$$e = 2{,}718281828459045\ldots.$$

Die Zahl e läßt sich auch durch eine **Reihe** definieren (vgl. 6.3):

$$e = \sum_{i=0}^{\infty} \frac{1}{i!} = 1 + \frac{1}{1!} + \frac{1}{2!} + \frac{1}{3!} + \ldots.$$

Eine Intervallschachtelung für e ist

$$\left\langle \left[\left(1 + \frac{1}{n}\right)^n ; \left(1 + \frac{1}{n}\right)^{n+1} \right] \right\rangle$$

(vgl. 1.2). Die Zahl e ist **irrational.**

Die Exponentialfunktion zur Basis e ist dadurch ausgezeichnet, daß sie mit ihrer Ableitungsfunktion übereinstimmt (vgl.

5.4). Für die Umkehrfunktion ln von $x \mapsto e^x$ gilt $(\ln x)' = \frac{1}{x}$, also ist für $x > 0$

$$\int_1^x \frac{1}{t}\,dt = \ln x$$

(vgl. 7.3). Diese Beziehung läßt sich auch zur Definition der Zahl e benutzen:

$$\int_1^e \frac{1}{t}\,dt = 1.$$

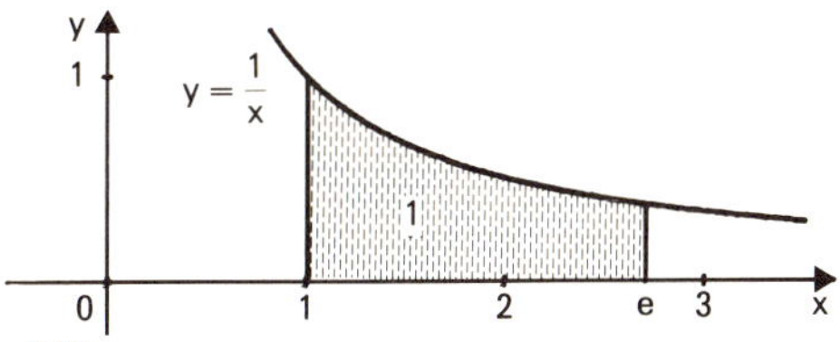

163

Für die Exponentialfunktion $x \mapsto e^x$ gelten die Formeln

$$e^x = \lim_{n \to \infty} \left(1 + \frac{x}{n}\right)^n \quad \text{und} \quad e^x = \sum_{i=0}^{\infty} \frac{x^i}{i!}.$$

F

Fakultät

Für das Produkt der ersten n natürlichen Zahlen schreibt man n! und liest dies „n Fakultät". Man definiert $0! := 1$ und $(n+1)! := n! \cdot (n+1)$.

Die Werte von n! für $1 \leq n \leq 10$ sind in der nebenstehenden Tabelle angegeben. Für große n ist die genaue Berechnung von n! recht mühsam. Daher benutzt man eine auf J. Stirling (1692–1770) zurückgehende Näherungsformel:

n	n!
1	1
2	2
3	6
4	24
5	120
6	720
7	5 050
8	40 320
9	362 880
10	3 628 800

$$n! \approx \sqrt{2\pi n} \cdot \left(\frac{n}{e}\right)^n$$

(Stirlingsche Formel); dabei bedeutet π die **Kreiszahl** und e die **Eulersche Zahl.**

G

Ganzteilfunktion

Für $x \in \mathbb{R}$ bezeichnet man mit $[x]$ (lies „x in eckigen Klammern") die größte ganze Zahl, die kleiner oder gleich x ist. Beispielsweise ist

$$\left[\frac{12}{5}\right] = 2; \quad [3{,}14] = 3; \quad [5] = 5;$$

$$[-0{,}3] = -1; \quad [-16{,}316] = -17.$$

Die Funktion $x \mapsto [x]$ mit der Definitionsmenge $\mathbb{R}$ heißt *Ganzteilfunktion* oder *Gaußsche Klammerfunktion* oder kurz *Gauß-Klammer* (nach C. F. Gauß, 1777–1855). Sie ist ein Beispiel für eine **Treppenfunktion.** Ihr Graph ist in Abb. 164 dargestellt. Die linken Endpunkte der „Treppenstufen" gehören jeweils zum Graph, die rechten Endpunkte nicht.

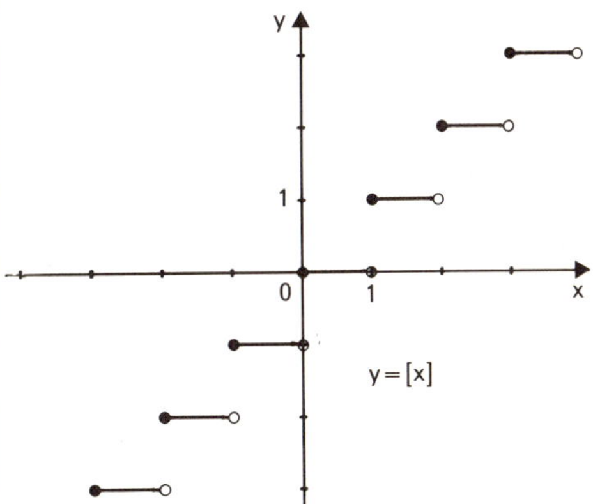

164

Es gelten die Ungleichungen

$$[x] + [y] \leq [x+y] \leq [x] + [y] + 1$$

und allgemein

$$\sum_{i=1}^{n}[x_i] \le \left[\sum_{i=1}^{n} x_i\right] \le \sum_{i=1}^{n}[x_i] + (n-1).$$

geometrische Folge

Eine Folge $\langle a_n \rangle$ (vgl. 2.1) mit

$$a_n = a \cdot q^n$$

heißt eine *geometrische Folge.* Es ist

$a_0 = a$ (Anfangsglied),

$a_1 = a\,q$,

$a_2 = a\,q^2$,

$a_3 = a\,q^3$

usw. Die Zahl q heißt Quotient der geometrischen Folge. Es gilt

$$a_{n+1} = a_n \cdot q,$$

ein Glied der geometrischen Folge entsteht also aus dem vorangehenden durch Multiplikation mit q. Jedes Glied einer geometrischen Folge (mit Ausnahme des ersten) mit positiven Gliedern ist das geometrische Mittel der beiden Nachbarglieder:

$$\sqrt{a_{n-1}\,a_{n+1}} = \sqrt{a\,q^{n-1} \cdot a\,q^{n+1}}$$
$$= \sqrt{a^2 q^{2n}} = a\,q^n = a_n.$$

Die Punkte $(n \mid a_n)$ mit $a_n = a\,q^n$ liegen auf dem Graph der Exponentialfunktion $x \mapsto a\,q^x$, falls q positiv ist:

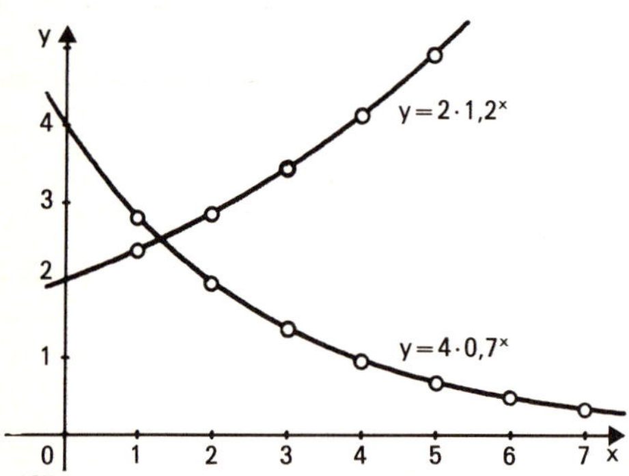

165

(Vgl. hierzu auch **arithmetische Folge** und **harmonische Folge.**)
Beginnt der Folgenindex statt bei 0 erst bei 1, so lautet das Bildungsgesetz der geometrischen Folge

$$a_n = a \cdot q^{n-1}.$$

Für $|q| < 1$ ist die geometrische Folge eine **Nullfolge,** d.h.

$$\lim_{n \to \infty} a\,q^n = 0.$$

Ist $a \neq 0$ und $q = -1$ oder $|q| > 1$, so ist die geometrische Folge divergent. Für $q = 1$ ist sie konvergent zum Grenzwert a.
Die Summenfolge $\langle s_n \rangle$ mit

$$s_n := a + a\,q + a\,q^2 + \ldots + a\,q^n$$

heißt *geometrische* **Reihe.** Es gilt für $q \neq 1$

$$s_n = a \cdot \frac{1-q^{n+1}}{1-q};$$

dies erkennt man durch Ausmultiplizieren des Produktes $(a + a\,q + a\,q^2 + \ldots + a\,q^n) \cdot (1-q)$. Für $|q| < 1$ ist $\langle s_n \rangle$ konvergent; es gilt dann

$$\lim_{n \to \infty} s_n = a \cdot \frac{1}{1-q}.$$

Man schreibt dies meistens in der Form

$$\sum_{i=0}^{\infty} a\,q^i = a \cdot \frac{1}{1-q}.$$

Guldinsche Regeln

Nach P. Guldin (1577–1643) kann man den Oberflächeninhalt und den Rauminhalt von Rotationskörpern (vgl. 8.2) mit Hilfe des Schwerpunkts des rotierenden Kurvenstücks bzw. des rotierenden Flächenstücks berechnen.

1. Guldinsche Regel: Die Oberfläche eines Rotationskörpers ist das Produkt aus

der Länge der erzeugenden Kurve und der Länge des von ihrem Schwerpunkt zurückgelegten Weges.
Diese Regel beweisen wir für den Fall, daß die x-Achse die Rotationsachse ist und das Kurvenstück durch eine über dem Intervall [a; b] differenzierbare Funktion f gegeben ist. Die Ordinate y_S des Schwerpunkts S des Kurvenstücks ergibt sich aus

$$l \cdot y_S = \int_a^b f(x) \cdot \sqrt{1 + (f'(x))^2}\, dx,$$

wenn l die Länge des (homogen mit Masse belegten) Kurvenstücks ist. Mit der Formel aus 8.2 ergibt sich für die Oberfläche (Mantelfläche)

$$M = l \cdot 2\pi y_S.$$

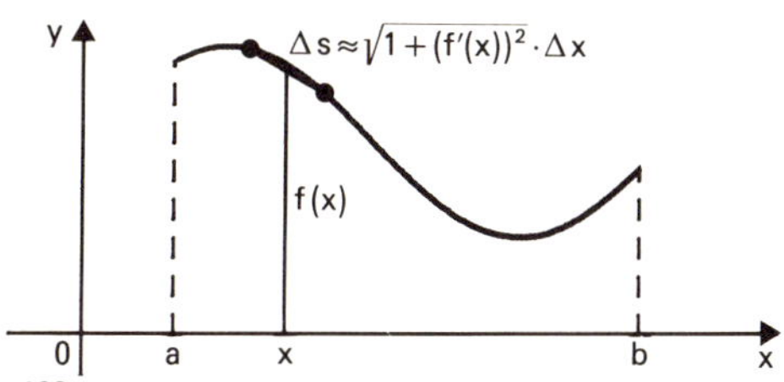

166

2. Guldinsche Regel: Das Volumen eines Rotationskörpers ist das Produkt aus dem Inhalt der erzeugenden Fläche und der Länge des von ihrem Schwerpunkt zurückgelegten Weges.
Auch diese Regel beweisen wir für den Fall, daß die x-Achse die Rotationsachse ist und das Flächenstück durch eine über dem Intervall [a; b] differenzierbare Funktion begrenzt wird. Die Ordinate y_S des Schwerpunkts S des Flächenstücks ergibt sich aus

$$A \cdot y_S = \int_a^b \frac{1}{2} f(x) \cdot f(x)\, dx,$$

wenn A der Inhalt des (homogen mit Masse belegten) Flächenstücks ist. Mit der Formel aus 8.2 ergibt sich das Volumen

$$V = A \cdot 2\pi y_S.$$

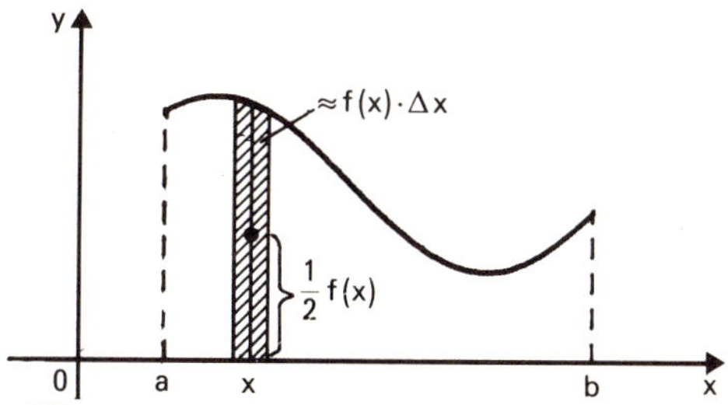

167

H

Halbierungsverfahren

Allgemein nennt man die Berechnung einer reellen Zahl mit Hilfe einer Intervallschachtelung (vgl. 1.2) ein *Halbierungsverfahren,* wenn die Länge der Intervalle von Schritt zu Schritt halbiert wird. Speziell bei der Nullstellenberechnung von Funktionen ist das Halbierungsverfahren anwendbar: Es sei die Nullstelle von f im Intervall [a; b] gesucht, wobei $f(a) < 0$, $f(b) > 0$ vorausgesetzt sei und f stetig sein soll (Zwischenwertsatz!). Man setze

$$a_1 := a, \quad b_1 := b, \quad c_1 := \frac{a+b}{2}$$

und

$$a_2 := \begin{cases} a_1, & \text{falls } f(c_1) > 0 \\ c_1, & \text{falls } f(c_1) < 0 \end{cases},$$

$$b_2 := \begin{cases} c_1, & \text{falls } f(c_1) > 0 \\ b_1, & \text{falls } f(c_1) < 0 \end{cases}.$$

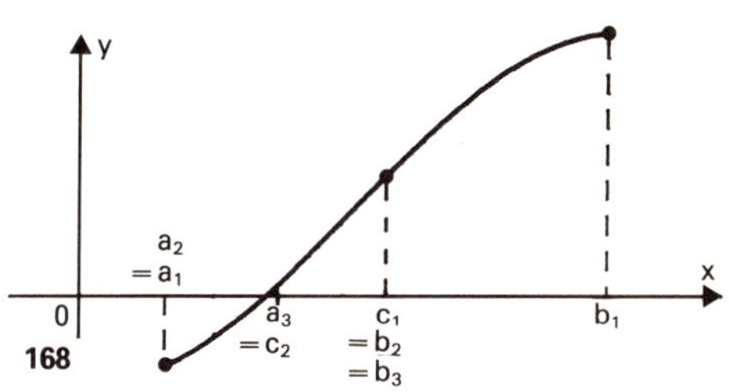

168

Dies wiederhole man mit den Werten a_2, b_2 statt a_1, b_1 usw. Man erhält so eine Intervallschachtelung für die Nullstelle von f.

harmonische Folge

Eine Folge $\langle a_n \rangle$ heißt *harmonisch,* wenn jedes Glied außer dem ersten das harmonische Mittel seiner Nachbarglieder ist, wenn also gilt:

$$a_n = \frac{2}{\frac{1}{a_{n-1}} + \frac{1}{a_{n+1}}};$$

dabei muß man voraussetzen, daß $a_n \neq 0$ für alle $n \in \mathbb{N}$. (Vgl. hierzu **arithmetische Folge** und **geometrische Folge.**) Ein Beispiel einer harmonischen Folge ist $\left\langle \frac{1}{n} \right\rangle$. Die Summenfolge **(Reihe)** einer harmonischen Folge heißt eine *harmonische Reihe.* Oft versteht man darunter aber auch nur die (divergente) Reihe $\sum_{n=1}^{\infty} \frac{1}{n}$.

Hauptsatz der Differential- und Integralrechnung

Dieser Satz (vgl. 7.2) ermöglicht die Berechnung von Integralen stetiger Funktionen mit Hilfe von Stammfunktionen. Er lautet: Ist f stetig auf dem Intervall I, dann ist

$$F: x \mapsto \int_{x_0}^{x} f(t)\,dt \quad (x, x_0 \in I)$$

differenzierbar im Innern von I und es gilt dort $F'(x) = f(x)$.
Ein *Beweis* dieses Satzes ergibt sich folgendermaßen: Ist x ein innerer Punkt von I und ferner $x+h \in I$, dann ist

$$\frac{F(x+h) - F(x)}{h} = \frac{1}{h} \int_{x}^{x+h} f(t)\,dt.$$

Die stetige Funktion f besitzt im Integrationsintervall ein Maximum f_{max} und ein Minimum f_{min}. Für $h \to 0$ konvergieren diese Werte beide gegen $f(x)$ (Stetigkeit!). Aus

$$f_{min} \leq \frac{1}{h} \int_{x}^{x+h} f(t)\,dt \leq f_{max}$$

erhält man die Behauptung des Satzes.

Heronsches Verfahren

Dieses nach Heron von Alexandria (um 60 n. Chr.) benannte Verfahren dient zur näherungsweisen Berechnung von Quadratwurzeln: Für $p > 0$ sei $\sqrt{p}$ zu bestimmen. Man wähle a, b mit $0 < a \leq b$ und $a \cdot b = p$. Ist $a = b$, so ist $\sqrt{p} = a$. Ist $a < b$, so setzt man $a_1 := a$, $b_1 := b$ und

$$a_{n+1} := \frac{2p}{a_n + b_n}, \quad b_{n+1} := \frac{a_n + b_n}{2}$$

für $n \in \mathbb{N}$. Dann ist

$$a_{n+1} < \sqrt{a_n b_n} = \sqrt{p} < \frac{a_n + b_n}{2} = b_{n+1}$$

und $\langle [a_n, b_n] \rangle$ ist eine Intervallschachtelung für $\sqrt{p}$ (vgl. 1.2). Aus der Rekursion für die Folge $\langle b_n \rangle$ ergibt sich

$$b_{n+1} = \frac{1}{2} \left(\frac{p}{b_n} + b_n \right);$$

$\langle b_n \rangle$ ist eine **rekursive Folge** mit dem Grenzwert $\sqrt{p}$. Man erhält die gleiche Folge, wenn man das **Newtonsche Verfahren** auf $f(x) = x^2 - p$ anwendet.

Horner-Schema

Das Horner-Schema (nach W. G. Horner, 1786–1837) dient zur Berechnung von Werten einer Polynomfunktion. Ihm liegt folgende Umformung des Polynoms zugrunde:

$$p(x) = a_n x^n + a_{n-1} x^{n-1} + \ldots$$
$$\ldots + a_2 x^2 + a_1 x + a_0$$
$$= ((\ldots((a_n x + a_{n-1})x + a_{n-2})x + \ldots$$
$$\ldots + a_2)x + a_1)x + a_0 .$$

Beispielsweise formt man

$$p(x) = 3x^5 - 2x^4 + 5x^2 - x + 3$$

um zu

$$p(x) = ((((3x-2)x+0)x+5)x-1)x+3 .$$

Den Wert an der Stelle x_0 berechnet man dann in einem Schema der folgenden Art:

p(x)	a_n	a_{n-1}	a_{n-2}	a_{n-3}	…	a_2	a_1	a_0
x_0		$a_n x_0$	$(a_n x_0 + a_{n-1}) x_0$	$(\ ) x_0$	…	$(\ ) x_0$	$(\ ) x_0$	$(\ ) x_0$
	a_n	$a_n x_0 + a_{n-1}$	(Summe)	(Summe)	…	(Summe)	(Summe)	$p(x_0)$

In obigem Beispiel ergibt sich an der Stelle $x_0 = 2$:

p(x)	3	−2	0	5	−1	3
2		6	8	16	42	82
	3	4	8	21	41	85

Also ist $p(2) = 85$.

Hyperbelfunktionen

Hyperbelfunktionen oder *hyperbolische Funktionen* nennt man folgende mit Hilfe der e-Funktion (vgl. 3.5) definierten Funktionen:

Hyperbelsinus (Sinus hyperbolicus):

$$\sinh x := \frac{e^x - e^{-x}}{2}$$

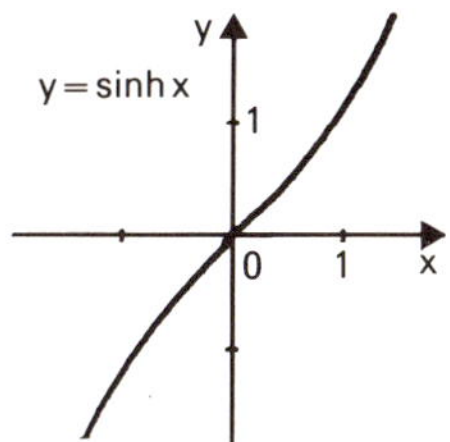

169

Hyperbelkosinus (Cosinus hyperbolicus):

$$\cosh x := \frac{e^x + e^{-x}}{2}$$ **(Kettenlinie)**

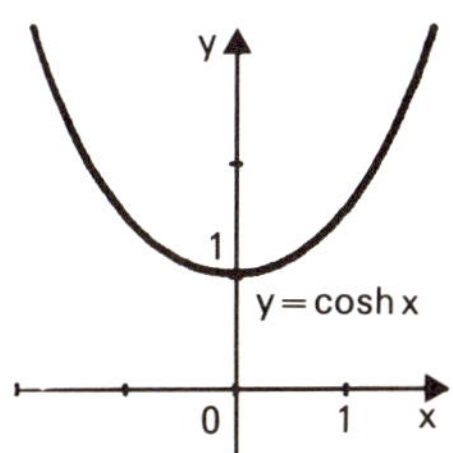

170

Hyperbeltangens (Tangens hyperbolicus):

$$\tanh x := \frac{e^x - e^{-x}}{e^x + e^{-x}} = \frac{\sinh x}{\cosh x}$$

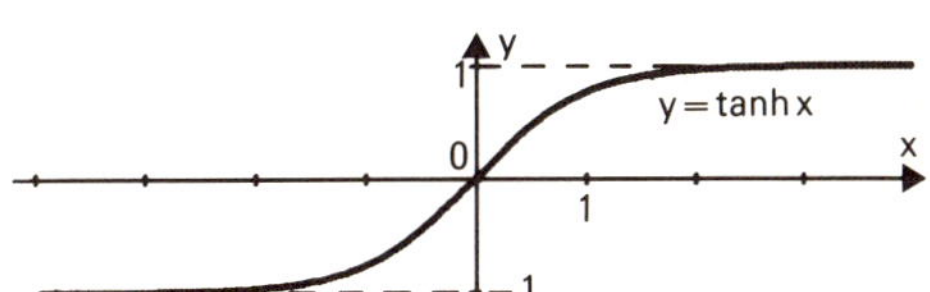

171

Hyperbelkotangens (Cotangens hyperbolicus):

$$\coth x := \frac{e^x + e^{-x}}{e^x - e^{-x}} = \frac{1}{\tanh x}$$

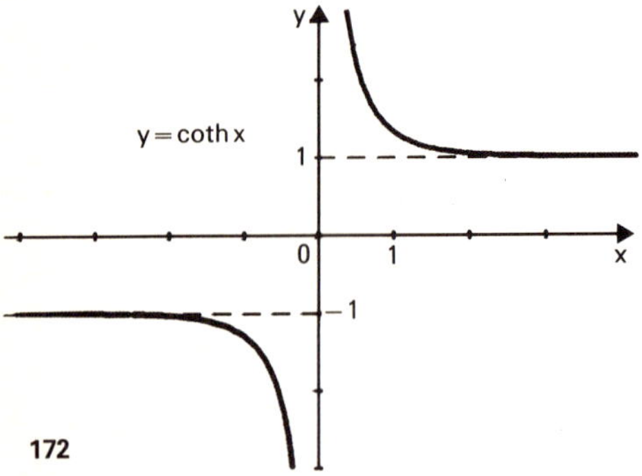

172

Zwischen den Hyperbelfunktionen und den Kreisfunktionen (trigonometrische Funktionen, vgl. 3.6) bestehen zahlreiche Analogien: Durch

$$\begin{cases} x = \cos t \\ y = \sin t \end{cases} \quad \text{bzw.} \quad \begin{cases} x = \cosh t \\ y = \sinh t \end{cases}$$

ist der Einheitskreis ($x^2 + y^2 = 1$) bzw. die Einheitshyperbel ($x^2 - y^2 = 1$) in Parameterdarstellung gegeben. Der Parameter t kann dabei als der Flächeninhalt des in folgenden Abbildungen schraffierten Sektors gedeutet werden:

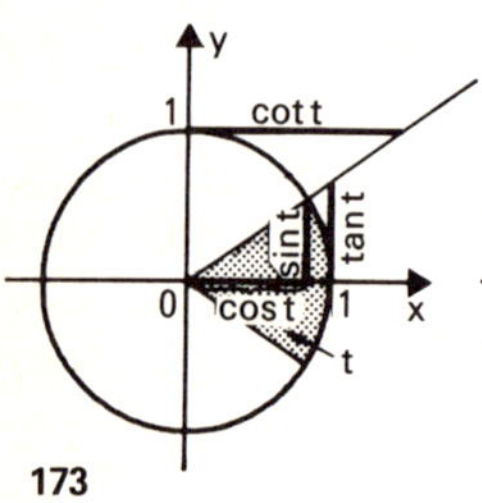

173

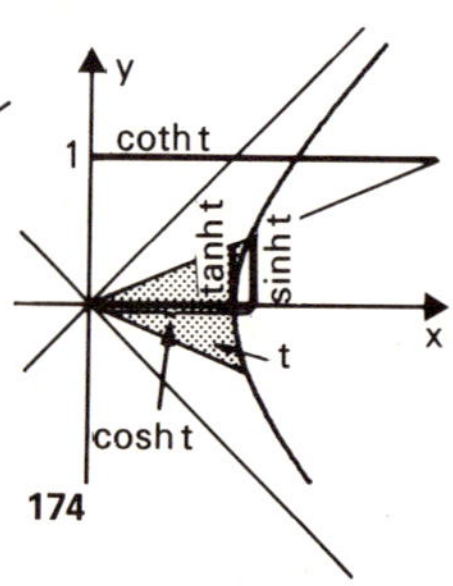

174

Es gelten die **Additionstheoreme**

$$\sinh(x+y) = \sinh x \cosh y + \cosh x \sinh y,$$

$$\cosh(x+y) = \cosh x \cosh y + \sinh x \sinh y.$$

Die Taylor-Reihen (vgl. 6.3) für $\sinh x$ und $\cosh x$ ergeben sich aus derjenigen für die e-Funktion:

$$\sinh x = \sum_{n=0}^{\infty} \frac{x^{2n+1}}{(2n+1)!},$$

$$\cosh x = \sum_{n=0}^{\infty} \frac{x^{2n}}{(2n)!}.$$

Ersetzt man hier x durch ix, wobei i die imaginäre Einheit ist **(komplexe Zahlen)**, dann erhält man die Taylor-Reihen von $\frac{1}{i} \sin x$ bzw. von $\cos x$. Dies wiederum liefert die Beziehungen

$$\sin x = \frac{e^{ix} - e^{-ix}}{2i}$$

bzw.

$$\cos x = \frac{e^{ix} + e^{-ix}}{2}.$$

Auch dies zeigt die Analogie zwischen den Kreisfunktionen und den Hyperbelfunktionen.

I

identische Funktion

Die Funktion $x \mapsto x$ mit der **Definitionsmenge** $\mathbb{R}$ heißt die *identische Funktion.* Allgemeiner heißt für $A \subseteq \mathbb{R}$

$$id_A : x \mapsto x \quad \text{für } x \in A$$

die *identische Funktion auf A.* Die identische Funktion (auf einer geeigneten Teilmenge von $\mathbb{R}$) ist neutrales Element beim Verketten von Funktionen (vgl. 3.2).

implizite Funktionen

Ist die Funktion f mit der Funktionsgleichung $y = f(x)$ als Lösung einer Gleichung

$F(x, y) = 0$ (unter gewissen Bedingungen) definiert, dann heißt f eine *implizite Funktion* (genauer: eine *implizit definierte Funktion*). Im allgemeinen ist die Relation

$$\{(x, y) \in \mathbb{R} \times \mathbb{R} \mid F(x, y) = 0\}$$

keine Funktion, da zu verschiedenen Werten von y der gleiche Wert von x gehören kann. Oft kann diese Relation aber in Teilmengen *(Äste)* zerlegt werden, welche Funktionen sind. Bei geeigneten Stetigkeitsforderungen ist eine solche Zerlegung im wesentlichen eindeutig.

Beispiele:

(1) $x^2 + y^2 - 1 = 0$

1. Ast: $f_1: x \mapsto \sqrt{1 - x^2}$, $D_{f_1} = [-1; 1]$;

2. Ast: $f_2: x \mapsto -\sqrt{1 - x^2}$, $D_{f_2} =]-1; 1[$.

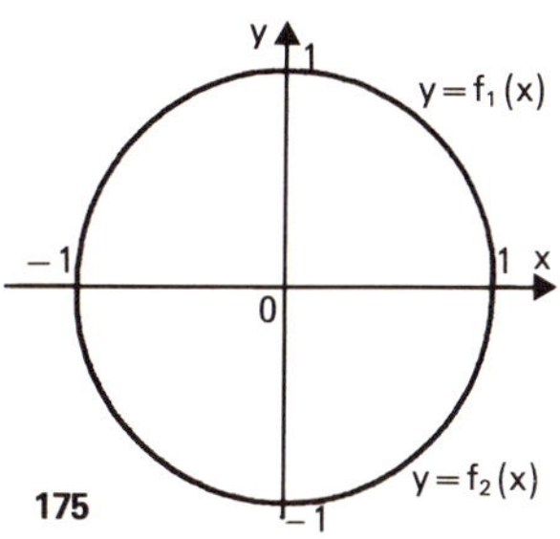

175

(2) $(x^2 - y)^2 = x^5$

1. Ast: $f_1: x \mapsto x^2 + \sqrt{x^5}$, $D_{f_1} = \mathbb{R}^+$;

2. Ast: $f_2: x \mapsto x^2 - \sqrt{x^5}$, $D_{f_2} = \mathbb{R}^+$.

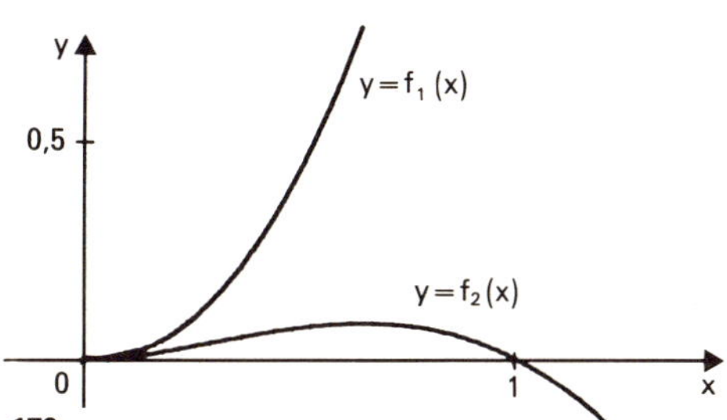

176

(3) $\sqrt[3]{x^2} + \sqrt[3]{y^2} = 1$

Die dargestellte Kurve ist eine *Astroide.*

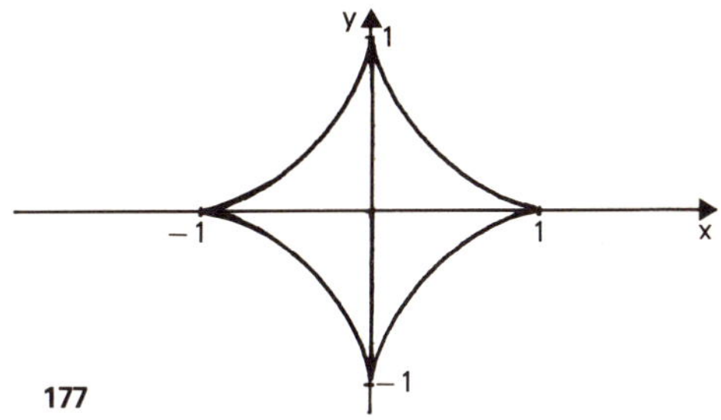

177

(4) $x^3 + y^3 = 3xy$

Die dargestellte Kurve heißt *kartesisches Blatt* (nach R. Descartes, 1596–1650).

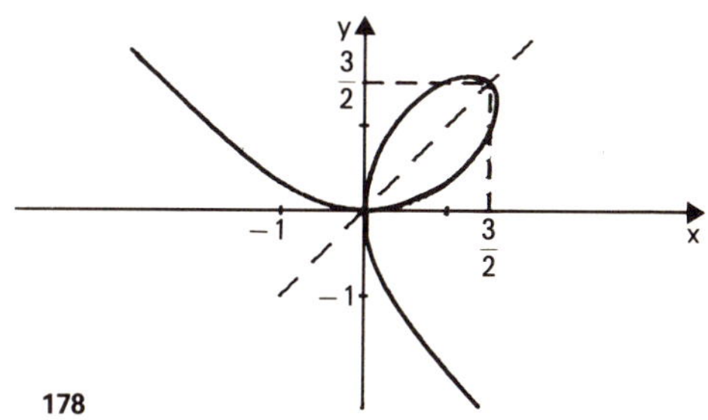

178

Infimum

Die größte untere Schranke einer nach unten **beschränkten** Menge M reeller Zahlen nennt man *untere Grenze* von M oder *Infimum* von M und bezeichnet dies mit inf M. Das Infimum von M muß nicht zu M gehören (z. B. wenn M ein offenes Intervall ist), kann aber dazugehören (z. B. wenn M ein abgeschlossenes Intervall ist). In $\mathbb{R}$ besitzt jede nach unten beschränkte Teilmenge ein Infimum. Dadurch unterscheiden sich die **reellen** von den **rationalen Zahlen**; beispielsweise ist die Menge

$$M = \{x \in \mathbb{Q} \mid x^2 \leq 2\}$$

nach unten beschränkt, besitzt aber kein Infimum in $\mathbb{Q}$. (Man beachte, daß $-\sqrt{2}$ keine rationale Zahl ist.)
Als Infimum einer Funktion bezeichnet man das Infimum der Menge ihrer Werte. Ist A die Definitionsmenge der Funktion f, so ist

$$\inf_{x \in A} f(x) := \inf f(A),$$

wo f(A) die **Wertemenge** von f ist. (Vgl. hierzu auch **Supremum.**)

Interpolation

Ersetzt man eine Funktion zwischen den Stellen a und b durch die Gerade mit der Gleichung

$$\frac{y-f(a)}{x-a} = \frac{f(b)-f(a)}{b-a},$$

dann kann man an dieser für $x \in [a; b]$ einen Näherungswert für f(x) ablesen:

$$f(x) \approx f(a) + \frac{f(b)-f(a)}{b-a}(x-a).$$

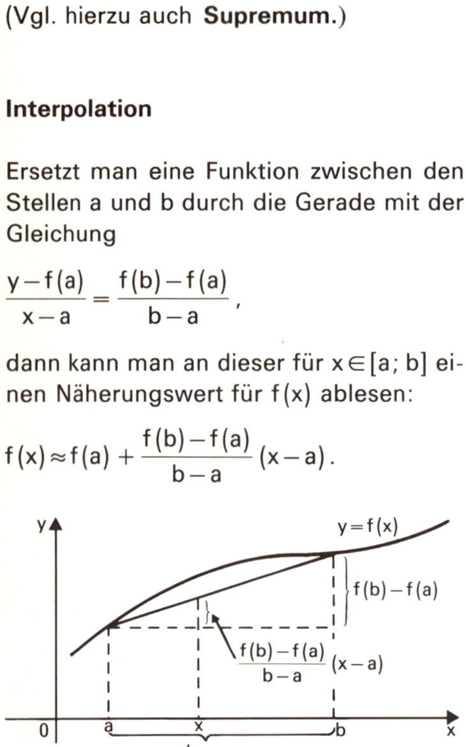

179

Man spricht in diesem Fall von *linearer Interpolation.* Bei der *allgemeinen Interpolationsaufgabe* sind n+1 Punkte

$(x_0; y_0), (x_1; y_1), \ldots, (x_n; y_n)$

gegeben und man sucht ein Polynom p vom Grad $\leq n$ mit der Eigenschaft

$p(x_i) = y_i \quad (i = 0, 1, \ldots, n).$

Die Zahlen $x_0, x_1, \ldots, x_n$ müssen dabei paarweise verschieden sein. Man nennt

$x_0, x_1, \ldots, x_n$ *Stützstellen,*

$y_0, y_1, \ldots, y_n$ *Stützwerte,*

$(x_0; y_0), (x_1; y_1), \ldots, (x_n; y_n)$ *Stützpunkte*

und p das zugehörige *Interpolationspolynom.*

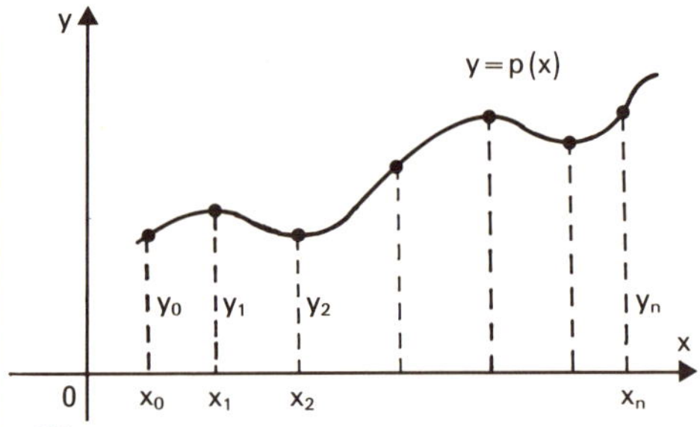

180

Zur Bestimmung des Interpolationspolynoms benutzt man nach I. Newton (1643–1727) folgenden Ansatz *(Newtonsche Interpolationsformel):*

$$\begin{aligned} p(x) = {} & a_0 \\ & + a_1(x-x_0) \\ & + a_2(x-x_0)(x-x_1) \\ & + \ldots \\ & + a_n(x-x_0)(x-x_1)\cdot\ldots\cdot(x-x_{n-1}). \end{aligned}$$

Die Koeffizienten $a_0, a_1, \ldots, a_n$ ergeben sich dann schrittweise aus den Gleichungen

$$y_0 = a_0$$

$$y_1 = a_0 + a_1(x_1 - x_0)$$

$$y_2 = a_0 + a_1(x_2 - x_0) + a_3(x_2 - x_0)(x_2 - x_1)$$

. . . . . .

$$y_n = a_0 + a_1(x_n - x_0) + \ldots$$
$$\ldots + a_n(x_n - x_0)\cdot\ldots\cdot(x_n - x_{n-1}).$$

Intervallschachtelungsaxiom

Das *Intervallschachtelungsaxiom* besagt, daß jede Intervallschachtelung (vgl. 1.2) in der Menge der **reellen Zahlen** dort einen Kern besitzt. Dies bedeutet, daß für jede Intervallschachtelung $\langle [a_n; b_n] \rangle$ in $\mathbb{R}$ ein $\gamma \in \mathbb{R}$ existiert mit

$$a_n \leq \gamma \leq b_n \quad \text{für alle } n \in \mathbb{N}.$$

In der Menge $\mathbb{Q}$ der **rationalen Zahlen** gilt dieses Axiom nicht, wie folgendes Beispiel zeigt **(Heronsches Verfahren):** Es sei

$$[a_1; b_1] := [1; 2],$$

$$[a_{n+1}; b_{n+1}] := \left[\frac{4}{a_n + b_n}; \frac{a_n + b_n}{2}\right]$$

für alle $n \in \mathbb{N}$. Dies ist eine Intervallschachtelung in $\mathbb{Q}$, welche keinen Kern in $\mathbb{Q}$ besitzt. Wegen $a_n^2 \leq 2 \leq b_n^2$ müßte der Kern nämlich $\sqrt{2}$ sein, dies ist aber eine **irrationale Zahl.**

irrationale Zahlen

Eine **reelle Zahl,** die keine **rationale Zahl** ist, heißt *irrational.* Eine irrationale Zahl läßt sich also nicht als Bruch $\frac{a}{b}$ mit $a, b \in \mathbb{Z}$, $b \neq 0$ darstellen.

Die **Eulersche Zahl** e ist irrational.
Die **Kreiszahl** π ist irrational.
Für $r, n \in \mathbb{N}$ ist die Zahl $\sqrt[r]{n}$ (r-te Wurzel aus n) irrational, falls n nicht die r-te Potenz einer natürlichen Zahl ist.
Für $b, n \in \mathbb{N}$ ist der **Logarithmus** $\log_b n$ irrational, falls n nicht eine Wurzel aus einer (ganzzahligen) Potenz von b ist.

Einige *Beispiele* für Irrationalitätsbeweise:

1) Die reelle Zahl $\sqrt{2}$ ist irrational.
Beweis: Wäre $\sqrt{2}$ rational, so gäbe es zwei natürliche Zahlen a, b mit $\text{ggT}(a, b) = 1$ und $\sqrt{2} = \frac{a}{b}$ (gekürzte Bruchdarstellung). Dann wäre $a^2 = 2b^2$, also wäre a eine gerade Zahl. Schreibt man $a = 2u$, so wäre $(2u)^2 = 2b^2$, also $2u^2 = b^2$ und daher auch b eine gerade Zahl. Dies widerspricht der angenommenen Teilerfremdheit von a und b.

2) Die reelle Zahl $\sqrt[5]{120}$ ist irrational.
Beweis: Wäre $\sqrt[5]{120}$ rational, so gäbe es zwei natürliche Zahlen a, b mit $\text{ggT}(a, b) = 1$ und

$$\sqrt[5]{120} = \frac{a}{b}, \quad \text{also } a^5 = 120\,b^5.$$

Ist p ein Primteiler von a, dann ist p^5 ein Teiler von $120\,b^5$. Da 120 keine Primzahl in der 5-ten Potenz enthält, muß p ein Teiler von b^5 und damit von b sein. Dies widerspricht der angenommenen Teilerfremdheit von a und b.

3) Die reelle Zahl lg 18 $(= \log_{10} 18)$ ist irrational.

Beweis: Wäre $\lg 18 = \frac{a}{b}$ mit $a, b \in \mathbb{N}$, dann wäre

$$10^{\frac{a}{b}} = 18, \quad \text{also} \quad 10^a = 18^b.$$

Eine solche Gleichung kann aber nicht bestehen, da die natürliche Zahl 10^a den Primfaktor 5 enthält, die natürliche Zahl 18^b aber nicht durch 5 teilbar ist.

Die Menge der rationalen Zahlen ist **abzählbar,** die Menge der reellen Zahlen (und damit auch die Menge $\mathbb{R} \setminus \mathbb{Q}$ der irrationalen Zahlen) ist überabzählbar. In diesem Sinne gibt es „wesentlich mehr" irrationale als rationale Zahlen; eine reelle Zahl ist somit „normalerweise" irrational.

Iterationsverfahren

Ein Iterationsverfahren besteht in der schrittweisen Annäherung an die Lösung einer Gleichung, wobei man jedesmal denselben Rechenvorgang auf den zuvor berechneten Wert anwendet. Sind im Intervall I die Gleichung $x=\varphi(x)$ und ein Startwert x_0 gegeben, dann bildet man die **rekursive Folge** $\langle x_n \rangle$ mit

$$x_{n+1} := \varphi(x_n).$$

Die Funktion φ muß dabei die Eigenschaft haben, daß mit $x \in I$ auch $\varphi(x) \in I$ gilt. Ist $I=[a;b]$, so bedeutet dies, daß der Graph von φ ganz in dem in Abb. 181 eingezeichneten Quadrat verlaufen muß. Wenn nun die Folge $\langle x_n \rangle$ konvergiert, so ist ihr Grenzwert eine Lösung der Gleichung $x=\varphi(x)$. In den Abbildungen 182, 183 und 184 sind die Iterationsverfahren mit $\varphi(x) = \frac{1}{2+x}$, $\varphi(x)=\sqrt{5+x}$ und

$$\varphi(x)=\cos x$$

veranschaulicht.

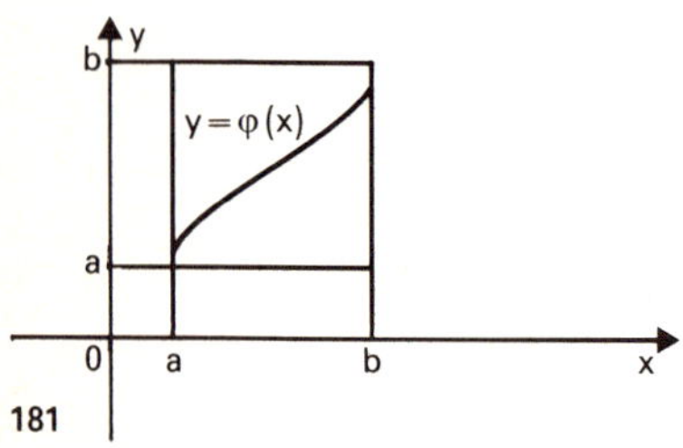

181

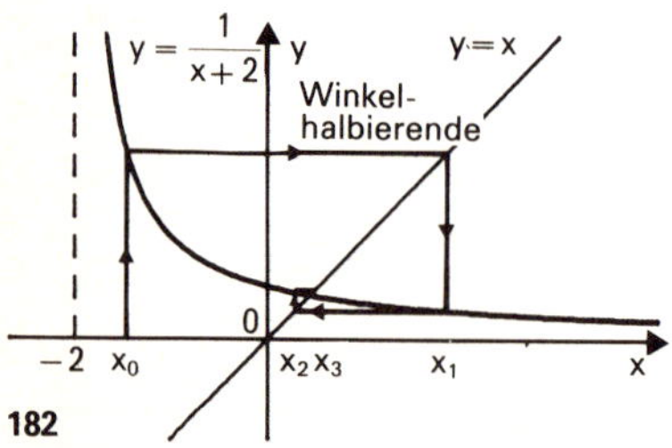

182

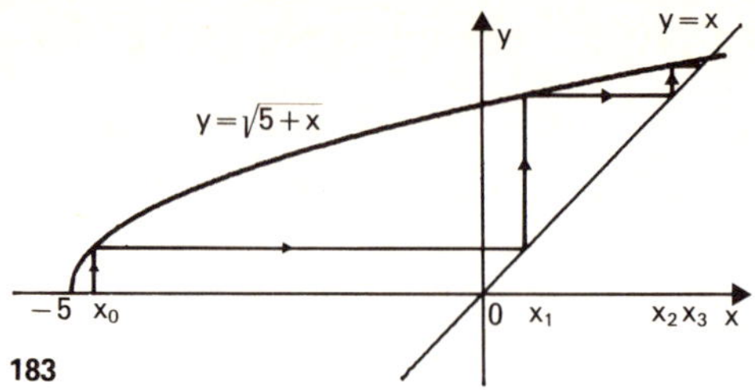

183

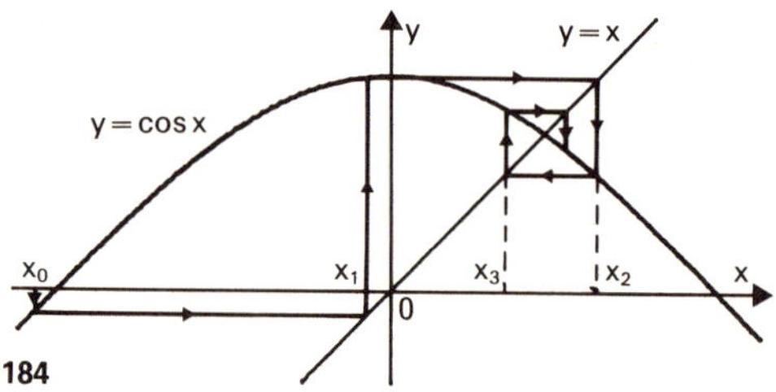

184

Mit $\varphi(x) = \frac{1}{2}\left(x + \frac{p}{x}\right)$ ergibt sich das **Heronsche Verfahren** zur Berechnung von $\sqrt{p}$.

Mit $\varphi(x) = x - \frac{f(x)}{f'(x)}$ ergibt sich das **Newtonsche Verfahren** zur Nullstellenbestimmung einer Funktion f.

Soll die Nullstelle einer Funktion iterativ bestimmt werden, so gibt es meistens verschiedene Möglichkeiten zur Wahl einer Iterationsfunktion. Zur Bestimmung der Nullstelle -2 von $f\colon x \mapsto x^2+x-2$ ist in Abb. 185

$$\varphi(x)=2-x^2 \quad \text{und} \quad x_0=-3$$

gewählt. Das Iterationsverfahren ist offensichtlich nicht konvergent. In Abb. 186 ist

$$\varphi(x) = \frac{2}{x} - 1 \quad \text{und} \quad x_0 = -3$$

gewählt worden. Dieses Verfahren ist offensichtlich konvergent.

Man kann zeigen, daß das Iterationsverfahren mit einer differenzierbaren Iterationsfunktion φ für jeden Startwert $x_0 \in I$

konvergiert, wenn $|\varphi'(x)| \leq L < 1$ für alle $x \in I$ gilt.

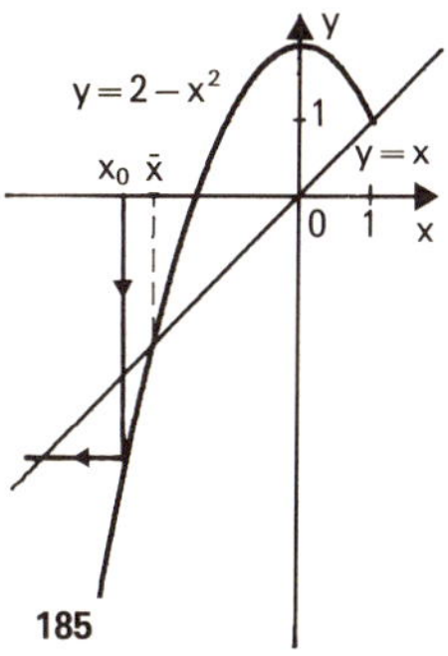

185

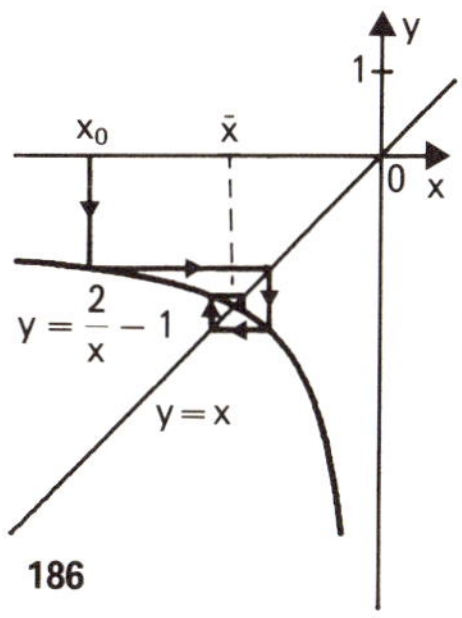

186

K

Keplersche Faßregel

Die *Keplersche Faßregel* (nach J. Kepler, 1571–1630) ist eine Methode zur numerischen Integration (vgl. 7.4). Sie heißt auch *Simpson-Formel* (nach Th. Simpson, 1710–1761).

Es soll das Integral $\int_a^b f(x)\,dx$ berechnet werden. Dazu bestimmt man zunächst das **Interpolations**polynom zweiten Grades durch die Stützpunkte

$$(a; f(a)), \quad \left(\frac{a+b}{2}; f\left(\frac{a+b}{2}\right)\right), \quad (b; f(b)).$$

Dann berechnet man das Integral des Interpolationspolynoms über [a; b] und betrachtet dies als Näherungswert für das zu berechnende Integral. Es ergibt sich

$$\int_a^b f(x)\,dx \approx \frac{b-a}{6}\left(f(a) + 4 \cdot f\left(\frac{a+b}{2}\right) + f(b)\right).$$

Ist f auf [a; b] viermal **stetig differenzierbar**, dann kann man den Fehler durch

$$\frac{(b-a)^5}{2880} \cdot \max_{[a;\,b]} |f^{(4)}(x)|$$

abschätzen.

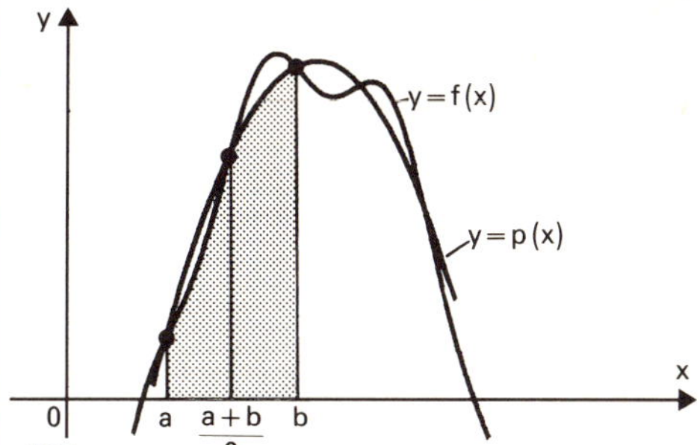

187

Einen genaueren Näherungswert erhält man, wenn man das Intervall [a; b] in 2n gleichlange Intervalle unterteilt und dann die Keplersche Faßregel n-mal anwendet.

Kettenlinie

Der Graph der Funktion $x \mapsto a \cosh \frac{x}{a}$ (vgl. **Hyperbelfunktion**), also

$$x \mapsto \frac{a}{2}\left(e^{\frac{x}{a}} + e^{-\frac{x}{a}}\right),$$

heißt *Kettenlinie,* weil Ketten Kurven dieser Gestalt bilden.

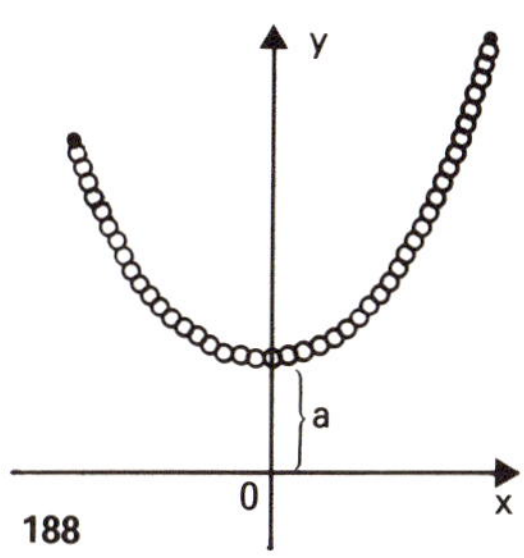

188

Die Bogenlänge (vgl. 8.1) der Kettenlinie kann man mit Zirkel und Lineal bestimmen:

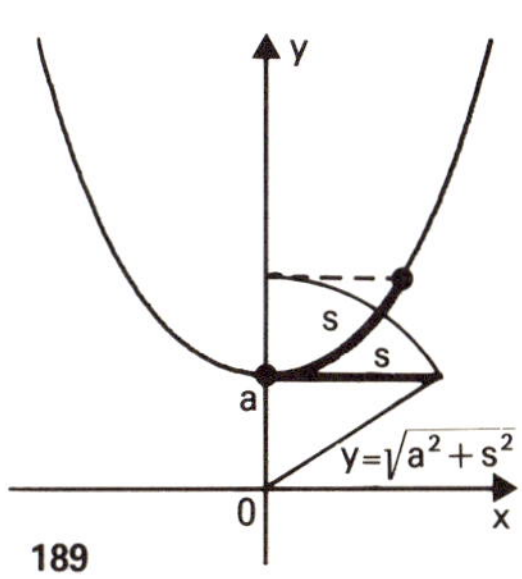

189

Kettenregel

Die Kettenregel macht eine Aussage über die Ableitung der Verkettung $f \circ g$ zweier Funktionen (vgl. 3.2); dabei ist

$$(f \circ g)(x) := f(g(x)).$$

Die Kettenregel lautet: Es sei $f \circ g$ auf dem Intervall I definiert. Ist g differenzierbar an der Stelle $x_0 \in I$ und f differenzierbar an der Stelle $g(x_0)$, dann ist $f \circ g$ differenzierbar an der Stelle x_0 und es gilt

$$(f \circ g)'(x_0) = f'(g(x_0)) \cdot g'(x_0).$$

Deutet man die Differentiation als lineare Approximation (vgl. 5.2), dann wird diese Regel sehr plausibel:

Ist

$$g(x) \approx g(x_0) + g'(x_0)(x - x_0)$$

und

$$f(g(x)) \approx f(g(x_0)) + f'(g(x_0))(g(x) - g(x_0)),$$

dann ist

$$f(g(x)) \approx f(g(x_0)) + f'(g(x_0))\, g'(x_0)(x - x_0).$$

komplexe Zahlen

Es sei $\mathbb{C}$ die Menge aller Paare reeller Zahlen, also $\mathbb{C} = \mathbb{R} \times \mathbb{R}$. In $\mathbb{C}$ definiert man eine Addition

$$(a_1, a_2) + (b_1, b_2) := (a_1 + b_1, a_2 + b_2)$$

und eine Multiplikation

$$(a_1, a_2) \cdot (b_1, b_2) := (a_1 b_1 - a_2 b_2, a_1 b_2 + a_2 b_1).$$

Die Addition läßt sich in einem kartesischen **Koordinatensystem** als Verketten von Verschiebungen (Vektoraddition) deuten.

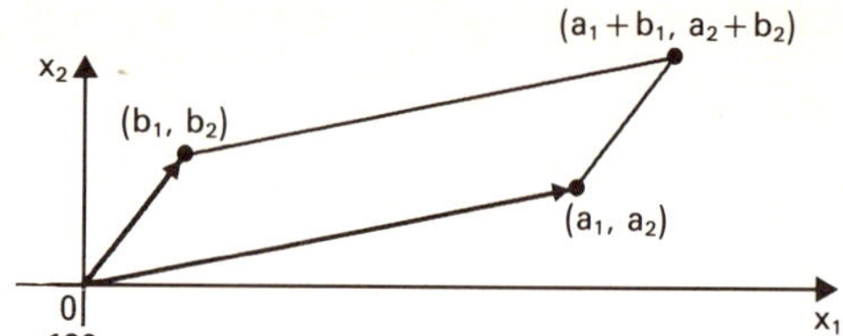

190

Die Multiplikation läßt sich in einem kartesischen Koordinatensystem als Verketten von Drehstreckungen deuten:

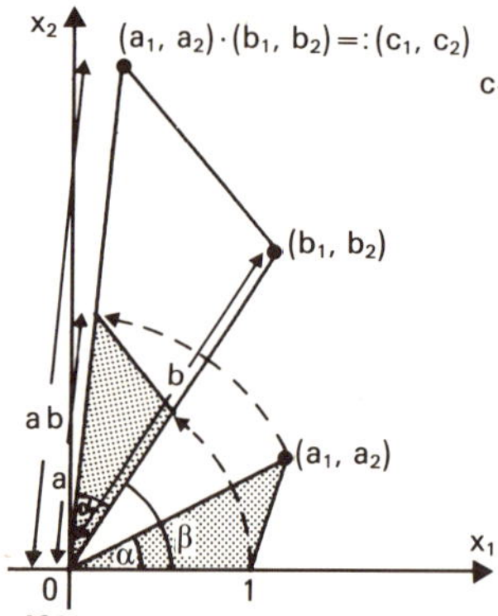

$$\begin{aligned} c_1 &= a\,b\cos(\alpha+\beta) \\ &= a\,b(\cos\alpha\cos\beta \\ &\quad - \sin\alpha\sin\beta) \\ &= a\cos\alpha \cdot b\cos\beta \\ &\quad - a\sin\alpha \cdot b\sin\beta \\ &= a_1 b_1 - a_2 b_2 \end{aligned}$$

191

Man kann nun beweisen, daß $(\mathbb{C}, +, \cdot)$ ein **Körper** ist; dieser heißt *Körper der komplexen Zahlen,* seine Elemente heißen komplexe Zahlen. Obige Abbildungen zeigen die Darstellung komplexer Zahlen in der *Gaußschen Zahlenebene* (nach C. F. Gauß, 1777–1855).

Mit den komplexen Zahlen der Form (a, 0) kann man wie mit reellen Zahlen rechnen:

$$(a, 0) + (b, 0) = (a + b, 0),$$

$$(a, 0) \cdot (b, 0) = (a \cdot b, 0).$$

Daher identifiziert man die komplexe Zahl (a, 0) mit der reellen Zahl a. Setzt man ferner zu Abkürzung $i := (0, 1)$, dann ist

$$(a_1, a_2) = a_1 + a_2 \cdot i;$$

denn

$$\begin{aligned} a_1 + a_2 \cdot i &= (a_1, 0) + (a_2, 0) \cdot (0, 1) \\ &= (a_1, 0) + (0, a_2) = (a_1, a_2). \end{aligned}$$

Die Zahl $a_1 = (a_1, 0)$ heißt *reell,* die Zahl $a_2 \cdot i = (0, a_2)$ *imaginär;* ferner heißt a_1 der *Realteil* und $a_2 \cdot i$ der *Imaginärteil* von $a_1 + a_2 \cdot i$. Zwei komplexe Zahlen sind genau dann gleich, wenn sie im Realteil und im Imaginärteil übereinstimmen. Entsprechend nennt man die Achsen in der Gaußschen Zahlenebene *reelle Achse* und *imaginäre Achse.* Die komplexe Zahl $i = (0, 1)$ heißt *imaginäre Einheit;* es gilt $i^2 = -1$, weshalb man manchmal $i = \sqrt{-1}$ schreibt.

Der Körper der komplexen Zahlen hat gegenüber dem Körper der reellen Zahlen den Vorteil, daß jede quadratische Gleichung (allgemeiner: jede algebraische Gleichung) eine Lösung besitzt. Beispielsweise hat die in $\mathbb{R}$ unlösbare Gleichung $x^2 + 1 = 0$ in $\mathbb{C}$ die Lösungen i und $-i$.

Konvergenzkriterien

Bedingungen für die Konvergenz einer Folge (vgl. 2.3) heißen *Konvergenzkriterien.*

Ein Konvergenzkriterium heißt *notwendig,* wenn es von jeder konvergenten Folge oder Reihe erfüllt wird. Notwendig für die Konvergenz einer Folge $\langle a_n \rangle$ ist beispielsweise, daß die Differenzenfolge $\langle a_{n+1} - a_n \rangle$ eine **Nullfolge** bildet.

Ein Konvergenzkriterium heißt *hinreichend,* wenn aus ihm die Konvergenz der Folge bzw. Reihe hergeleitet werden kann. Die beiden wichtigsten hinreichenden Konvergenzkriterien für Folgen sind das Einschließungskriterium und das Monotoniekriterium (Hauptsatz über monotone Folgen, vgl. 2.3).

Ein *notwendiges und hinreichendes* Konvergenzkriterium ist das *Cauchy-Kriterium* (nach A. L. Cauchy, 1789–1857): Die Folge $\langle a_n \rangle$ ist genau dann konvergent in $\mathbb{R}$, wenn für jedes $\varepsilon > 0$ ein $N_\varepsilon \in \mathbb{N}$ derart existiert, daß

$$|a_n - a_m| < \varepsilon \quad \text{für alle } m, n > N_\varepsilon$$

gilt.

Es gibt Folgen *rationaler* Zahlen, welche dieses Kriterium erfüllen und trotzdem keinen *rationalen* Grenzwert haben. Durch die Gültigkeit des Cauchy-Kriteriums sind also die reellen Zahlen gegenüber den rationalen Zahlen ausgezeichnet.

Koordinatensysteme

Durch zwei sich in einem Punkt O schneidende Geraden, auf denen jeweils ein Einheitspunkt „1" festgelegt ist, ist in der Ebene ein Koordinatensystem festgelegt. Sind die Koordinatenachsen rechtwinklig zueinander, so spricht man von einem *rechtwinkligen* Koordinatensystem. Ein solches heißt *positiv orientiert,* wenn die positive x-Achse (1. Achse) durch eine Linksdrehung um 90° in die positive y-Achse (2. Achse) übergeht. Sind überdies die Einheiten auf den Achsen gleich lang, dann spricht man von einem *kartesischen Koordinatensystem,* so benannt nach R. Descartes (1596–1650).

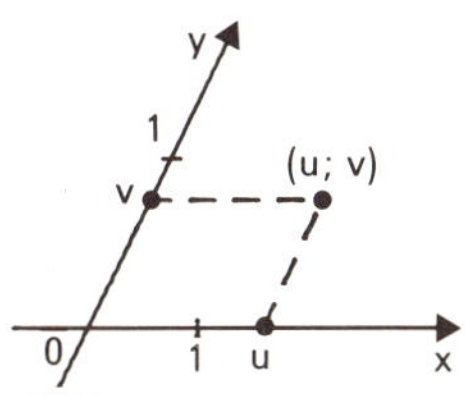

192

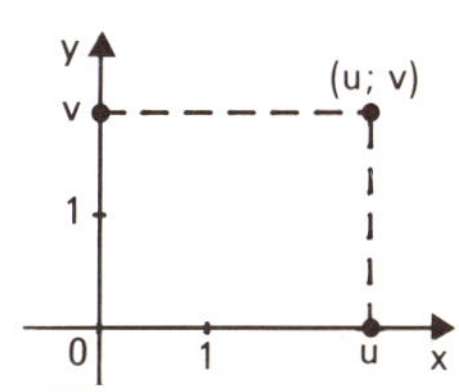

193

Die *Koordinatentransformation*

$$x^* = a\,x$$

$$y^* = b\,x$$

ändert die Einheiten auf den Achsen (Maßstabsänderung). Die Koordinatentransformation

$x^* = x + a$

$y^* = y + b$

verschiebt den Ursprung 0 des Koordinatensystems. Ist 0 ein fester Punkt und p eine von 0 ausgehende Halbgerade, dann können die von 0 verschiedenen Punkte P der Ebene auch durch ihre Entfernung von 0 und den (im Gegenuhrzeigersinn) gemessenen Winkel zwischen $\overline{0P}$ und der Halbgeraden p bestimmt werden. Man spricht dann von *Polarkoordinaten.* Dient dabei die positive x-Achse eines kartesischen Koordinatensystems als Halbgerade p, dann besteht folgender Zusammenhang zwischen kartesischen Koordinaten und Polarkoordinaten:

$x = r\cos\varphi \qquad r = \sqrt{x^2 + y^2}$

$y = r\sin\varphi \qquad \varphi = \arctan\frac{y}{x}$

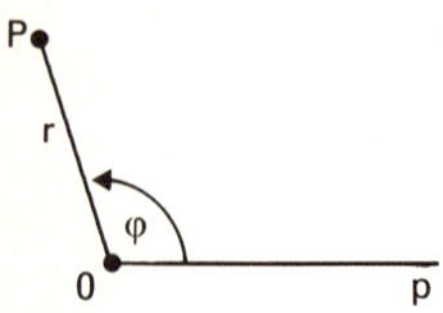

194

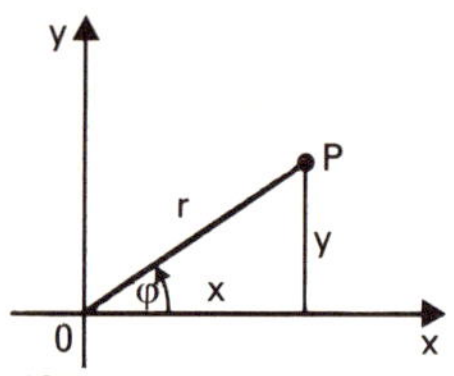

195

Analog sind im Raum Koordinatensysteme und Polarkoordinaten definiert.

Körper

Ein Verknüpfungsgebilde $(K, +, \cdot)$ heißt ein *Körper,* wenn folgende Gesetze erfüllt sind:

I. (1) $(a + b) + c = a + (b + c)$ für alle $a, b, c \in K$;
   (2) $a + b = b + a$ für alle $a, b \in K$;
   (3) es gibt ein Element $0 \in K$ derart, daß $a + 0 = a$ für alle $a \in K$;
   (4) für jedes $a \in K$ gibt es ein $\bar{a} \in K$ mit $a + \bar{a} = 0$.

II. (5) $(a \cdot b) \cdot c = a \cdot (b \cdot c)$ für alle $a, b, c \in K$;
   (6) $a \cdot b = b \cdot a$ für alle $a, b \in K$;
   (7) es gibt ein Element $1 \in K \setminus \{0\}$ derart, daß $a \cdot 1 = a$ für alle $a \in K$;
   (8) für jedes $a \in K \setminus \{0\}$ gibt es ein $a' \in K \setminus \{0\}$ mit $a \cdot a' = 1$.

III. (9) $a \cdot (b + c) = a \cdot b + a \cdot c$ für alle $a, b, c \in K$.

Die rationalen Zahlen, die reellen Zahlen und die komplexen Zahlen bilden jeweils bezüglich der Addition und der Multiplikation einen Körper.

(1) und (5) besagen, daß die Verknüpfungen assoziativ sind, es gilt das *Assoziativgesetz* der Addition und der Multiplikation.

(2) und (6) besagen, daß die Verknüpfungen kommutativ sind, es gilt das *Kommutativgesetz* der Addition und der Multiplikation.

(3) und (7) besagen, daß ein *neutrales Element* bezüglich der Addition und bezüglich der Multiplikation existiert.

(4) und (8) besagen, daß jedes Element aus K bezüglich der Addition und jedes Element aus $K \setminus \{0\}$ bezüglich der Multiplikation ein *inverses Element* besitzt.

(9) besagt, daß die Multiplikation distributiv bezüglich der Addition ist, es gilt das *Distributivgesetz.*

Ein Körper $(K, +, \cdot)$ heißt *angeordneter Körper,* wenn in K eine Relation „$<$" mit folgenden Eigenschaften definiert ist:

(1) Für je zwei Elemente $a, b \in K$ gilt genau eine der Beziehungen $a < b$, $a = b$, $b < a$.

(2) Aus $a < b$ und $b < c$ folgt stets $a < c$.

(3) Aus $a < b$ folgt $a + c < b + c$ für jedes $c \in K$ *(Monotoniegesetz der Addition).*

(4) Aus $a < b$ folgt $a \cdot c < b \cdot c$ für jedes $c \in K$ mit $0 < c$ *(Monotoniegesetz der Multiplikation).*

Bezüglich der üblichen Kleiner-Relation sind der Körper der rationalen Zahlen und der Körper der reellen Zahlen angeordnete Körper.

Kreiszahl

Die Kreiszahl π (griech. Buchstabe Pi) gibt den Flächeninhalt eines Kreises vom Radius 1 an. Der Flächeninhalt eines Kreises vom Radius r ergibt sich dann zu $A=\pi r^2$, der Umfang eines Kreises zu $u=2\pi r$.

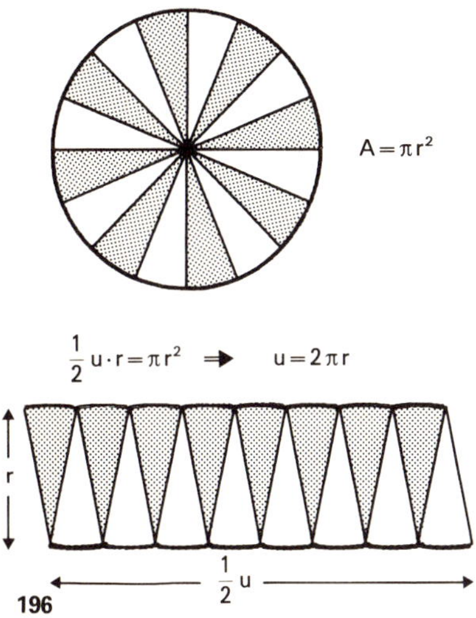

196

Es ist $\pi=3{,}1415926535\ldots$ Die Zahl π heißt auch *Ludolfsche Zahl* nach Ludolf von Ceulen (1540–1610), der π auf 35 Stellen berechnete.
Die Zahl π ist **irrational.**
Von Archimedes von Syrakus (287–212 v. Chr.) stammt die Abschätzung

$$\frac{223}{71}<\pi<\frac{22}{7}.$$

Man kann π entweder aus dem Inhalt oder aus dem Umfang eines Einheitskreises bestimmen. Dazu benutzt man wie in der Integralrechnung (vgl. 7.1) Obersummen und Untersummen, wie es in nachstehender Abbildung für einen Viertelkreis angedeutet ist.

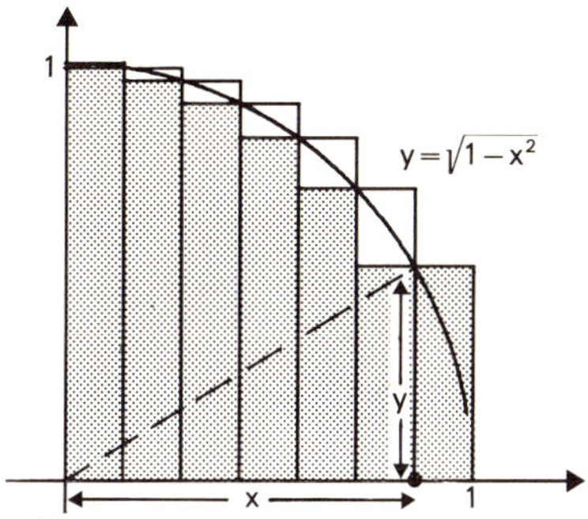

197

Krümmungskreis

Es sei eine zweimal differenzierbare Funktion f gegeben. Derjenige Kreis k, der den Graph von f im Punkt $(x_0; y_0)$ berührt und dort auch in der zweiten Ableitung mit f übereinstimmt, heißt *Krümmungskreis* von f an der Stelle x_0. Es muß also gelten:

$$k(x_0)=f(x_0),$$
$$k'(x_0)=f'(x_0),$$
$$k''(x_0)=f''(x_0).$$

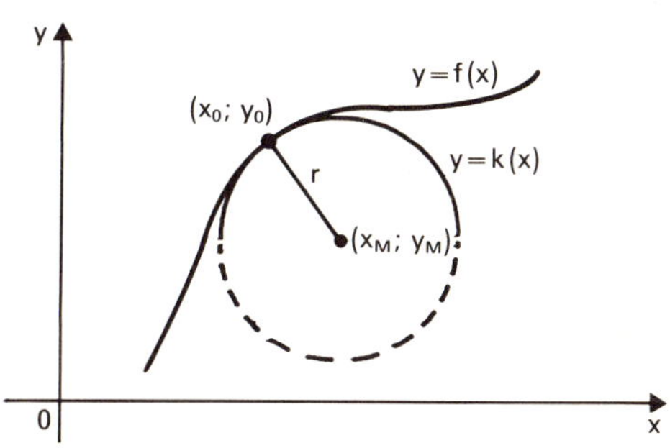

198

Aus der Kreisgleichung

$$(x-x_M)^2+(k(x)-y_M)^2=r^2$$

erhält man durch Differenzieren

$$(x-x_M)+(k(x)-y_M)\,k'(x)=0,$$
$$1+(k'(x))^2+(k(x)-y_M)\,k''(x)=0.$$

Daraus ergeben sich die folgenden drei Bestimmungsgleichungen für den *Krümmungsmittelpunkt* $(x_M; y_M)$ und den *Krümmungsradius* r:

(1) $(x_0 - x_M)^2 + (f(x_0) - y_M)^2 = r^2$,

(2) $(x_0 - x_M) + (f(x_0) - y_M) f'(x_0) = 0$,

(3) $1 + (f'(x_0))^2 + (f(x_0) - y_M) f''(x_0) = 0$.

Aus (3) berechnet man y_M, damit aus (2) x_M und schließlich aus (1) den Radius r.

Kurve

Eine stetige Abbildung eines (endlichen oder unendlichen) Intervalls in die Ebene nennt man eine *ebene Kurve.* Sie ist gegeben in der Form

$$\begin{pmatrix} x \\ y \end{pmatrix} = \begin{pmatrix} \varphi(t) \\ \psi(t) \end{pmatrix} \quad (t \in [a; b])$$

mit stetigen Funktionen φ und ψ. Beispielsweise ist durch

$$\begin{pmatrix} x \\ y \end{pmatrix} = \begin{pmatrix} a \cos t \\ b \sin t \end{pmatrix} \quad (t \in [0; 2\pi])$$

eine Ellipse mit den Halbachsen a und b gegeben. Ist $f: [a, b] \to \mathbb{R}$ eine stetige Funktion, dann heißt die Kurve mit

$$\begin{pmatrix} x \\ y \end{pmatrix} = \begin{pmatrix} t \\ f(t) \end{pmatrix} \quad (t \in [a; b])$$

der *Graph* von f. Funktionsgraphen sind also spezielle Kurven.
Ebene Kurven können auch durch Gleichungen der Form $F(x, y) = 0$ beschrieben werden **(implizite Funktionen).**
Räumliche Kurven sind in der Form

$$\begin{pmatrix} x \\ y \\ z \end{pmatrix} = \begin{pmatrix} \varphi(t) \\ \psi(t) \\ \chi(t) \end{pmatrix} \quad (t \in [a; b])$$

gegeben, wobei φ, ψ und χ stetige Funktionen sind. Die Raumkurve

$$\begin{pmatrix} x \\ y \\ z \end{pmatrix} = \begin{pmatrix} a \cos t \\ a \sin t \\ b t \end{pmatrix} \quad (t \in [0; 2\pi])$$

ist eine Schraubenlinie.

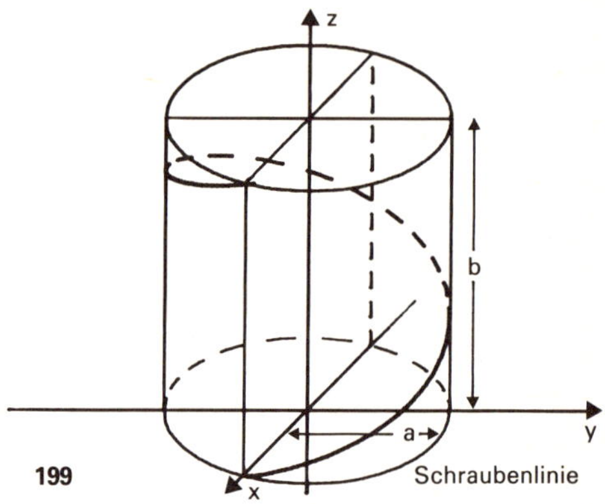

199

Die Raumkurve

$$\begin{pmatrix} x \\ y \\ z \end{pmatrix} = \begin{pmatrix} a + ut \\ b + vt \\ c + wt \end{pmatrix} \quad (t \in \mathbb{R})$$

mit $u^2 + v^2 + w^2 \neq 0$ ist eine Gerade mit dem Stützvektor $\begin{pmatrix} a \\ b \\ c \end{pmatrix}$ und dem Richtungsvektor $\begin{pmatrix} u \\ v \\ w \end{pmatrix}$.

Kurvenschar

Eine Menge von (ebenen) **Kurven** heißt *Kurvenschar,* wenn es eine Gleichung

$F(x, y, c) = 0$

gibt, welche bei festem c die Gleichung einer dieser Kurven ist, und wenn jede Kurve einer dieser Gleichungen genügt. Beispielsweise wird durch

$y - 2cx + c^2 = 0 \quad (c \in \mathbb{R})$

eine Geradenschar beschrieben; diese

besteht aus allen Tangenten an eine Normalparabel.

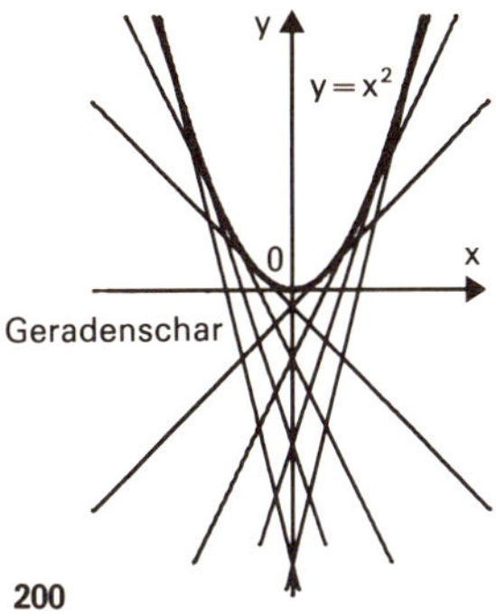

200

L

Linearkombination

Eine Summe von Vielfachen von Vektoren eines Vektorraumes (vgl. Lineare Algebra) heißt eine *Linearkombination* dieser Vektoren. Da auch die Funktionen auf einer gemeinsamen Definitionsmenge D einen Vektorraum bilden, nennt man einen Ausdruck der Form

$$a_1 f_1 + a_2 f_2 + \ldots + a_n f_n$$

$(a_1, a_2, \ldots, a_n \in \mathbb{R})$ eine Linearkombination der Funktionen $f_1, f_2, \ldots, f_n$.

Lipschitz-Stetigkeit

(nach R. Lipschitz, 1832–1903). Eine Funktion $f\colon [a; b] \to \mathbb{R}$ heißt *Lipschitz-stetig* auf dem Intervall $[a; b]$, wenn eine Konstante L existiert mit

$$|f(x_1) - f(x_2)| \leq L \cdot |x_1 - x_2|$$

für alle $x_1, x_2 \in [a; b]$. Eine auf $[a; b]$ Lipschitz-stetige Funktion ist dort auch stetig (vgl. 4.3), die Umkehrung gilt aber nicht: Die Funktion $x \mapsto \sqrt{x}$ ist auf $[0; 1]$ zwar stetig, nicht aber Lipschitz-stetig.

Logarithmus

Es sei q eine positive reelle Zahl. Die Lösung der Gleichung $q^x = a$ (mit $a > 0$) heißt *Logarithmus von a zur Basis q* und wird mit $\log_q a$ bezeichnet.

Sonderfälle:

$q = 10$: *Zehnerlogarithmus;* man schreibt lg statt $\log_{10}$.

$q = e$ **(Eulersche Zahl)**: *natürlicher Logarithmus;* man schreibt ln statt $\log_e$.

$q = 2$: *Zweierlogarithmus, logarithmus dualis;* man schreibt ld statt $\log_2$.

Die *Potenzregeln*

$$q^{x+y} = q^x \cdot q^y$$

$$q^{x-y} = q^x : q^y$$

$$x^r = (q^{\log_q x})^r = q^{r \cdot \log_q x}$$

liefern folgende *Logarithmenregeln:*

$$\log_q(x \cdot y) = \log_q x + \log_q y$$

$$\log_q\left(\frac{x}{y}\right) = \log_q x - \log_q y$$

$$\log_q(x^r) = r \cdot \log_q x$$

$$\log_q \sqrt[n]{x} = \frac{1}{n} \log_q x$$

$$\log_q x \cdot \log_p q = \log_p x$$

Ferner gilt $\log_q 1 = 0$ und $\log_q q = 1$.
Die Zehnerlogarithmen liegen tabelliert vor (Logarithmentafel); sie wurden früher bei komplizierten numerischen Rechnungen verwendet, wie es in folgendem Beispiel gezeigt wird:

Es soll $\sqrt{\sqrt[3]{\dfrac{234{,}95}{34{,}2^4 \cdot 0{,}00351}} + 1{,}261^7}$ mit Hilfe einer vierstelligen Logarithmentafel berechnet werden; in der Beziehung $y = \lg x$ heißt dabei x der Numerus zum Logarithmus y:

NUMERUS		LOGARITHMUS	
234,95	→	2,3710	⊖
34,2	→	1,5340	·4
$34{,}2^4$		6,1360	⊕
0,00351	→	0,5453 − 3	
		3,6813	
		0,6897 − 2	
		= 1,6897 − 3	:3
⊕ 0,366	←	0,5632 − 1	
⊕ 1,261	→	0,1007	·7
⊕ 5,069	←	0,7049	
6,635	→	0,8218	:2
2,576	←	0,4109	

201

lokale Änderungsrate

Die Ableitung einer Funktion f an der Stelle x_0 (vgl. 5.1) kann man als die *Änderungsrate* von f an der Stelle x_0 (lokale Änderungsrate) interpretieren: Ändert sich x von x_0 ausgehend um Δx, so ändert sich f(x) näherungsweise um $f'(x_0)\cdot\Delta x$. Ist x ein Zeitparameter, also f(x) eine zeitabhängige Größe, dann spricht man von der *Änderungsgeschwindigkeit* von f an der Stelle x_0. Der lokalen Änderungsrate (Momentangeschwindigkeit) steht die durchschnittliche Änderungsrate (Durchschnittsgeschwindigkeit) in einem Intervall [a; b] gegenüber; sie wird durch den Differenzenquotienten $\frac{f(a)-f(b)}{a-b}$ gegeben.

M

Mittelwertsatz

Unter dem Mittelwertsatz bzw. genauer unter dem *1. Mittelwertsatz der Differentialrechnung* versteht man den folgenden Satz:
Ist die Funktion f stetig auf [a; b] und differenzierbar auf]a; b[, dann gibt es ein $\xi\in\,]a;b[$ mit

$$\frac{f(b)-f(a)}{b-a}=f'(\xi).$$

Dieser Satz ergibt sich aus dem **Satz von Rolle**, indem man diesen auf die Funktion

$$x\mapsto f(x)-\frac{f(b)-f(a)}{b-a}(x-a)$$

anwendet.

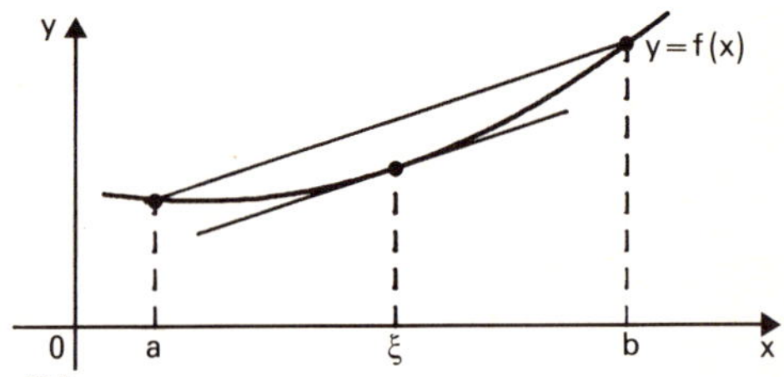

202

Der *2. Mittelwertsatz der Differentialrechnung* lautet: Sind die Funktionen f und g stetig auf [a; b] und differenzierbar auf]a; b[, ist ferner $g'(x)\neq 0$ für alle $x\in\,]a;b[$, dann ist $g(a)\neq g(b)$ und es gibt ein $\xi\in\,]a;b[$ mit

$$\frac{f(b)-f(a)}{g(b)-g(a)}=\frac{f'(\xi)}{g'(\xi)}.$$

Der *1. Mittelwertsatz der Integralrechnung* lautet: Ist f stetig auf [a; b], dann existiert ein $\xi\in\,]a;b[$ mit

$$\int_a^b f(x)\,dx=f(\xi)\,(b-a).$$

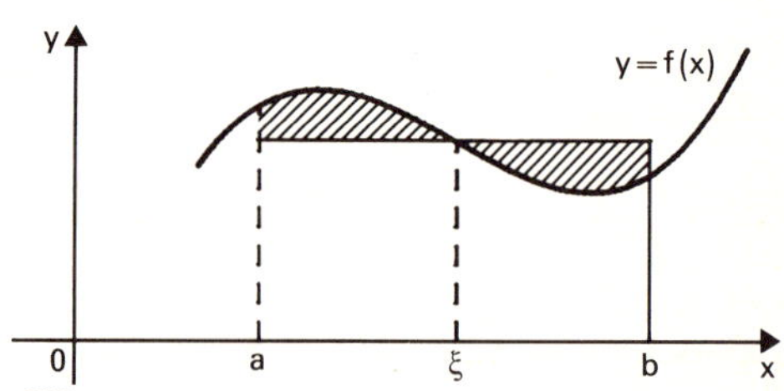

203

Der *2. Mittelwertsatz zur Integralrechnung* lautet folgendermaßen: Sind f und g stetig auf [a; b] und ist f stetig differenzierbar auf [a; b], dann gibt es ein $\xi \in]a; b[$ mit

$$\int_a^b f(x)\,g(x)\,dx = f(a)\int_a^{\xi} g(x)\,dx + f(b)\int_{\xi}^{b} g(x)\,dx.$$

N

Newtonsches Verfahren

Nach I. Newton (1643–1727) ist folgendes Verfahren zur näherungsweisen Bestimmung der **Nullstelle** einer Funktion benannt:
Die Funktion f sei stetig in [a; b], stetig differenzierbar in]a; b[und es sei dort $f'(x) \neq 0$ (also f streng monoton). Ist dann $f(a)f(b)<0$ (sind also f(a) und f(b) von verschiedenen Vorzeichen), dann gibt es genau eine Nullstelle von f in]a; b[. Diese gewinnt man unter geeigneten weiteren Voraussetzungen über die Funktion f **rekursiv** durch

$$x_1 := a$$

$$x_{n+1} := x_n - \frac{f(x_n)}{f'(x_n)}.$$

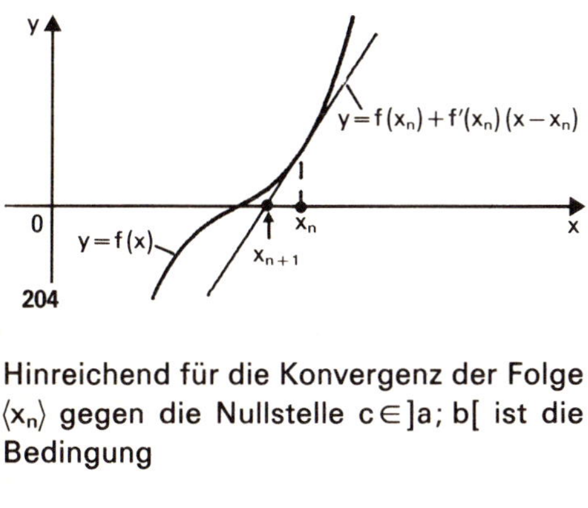

204

Hinreichend für die Konvergenz der Folge $\langle x_n \rangle$ gegen die Nullstelle $c \in]a; b[$ ist die Bedingung

$$\max_{[a;\,b]} \left| \frac{f(x)f''(x)}{(f'(x))^2} \right| \leq L < 1.$$

Nullfolge

Eine Zahlenfolge $\langle a_n \rangle$ (vgl. 2.1) heißt *Nullfolge,* wenn sie zum Grenzwert 0 konvergiert (vgl. 2.3), wenn also zu jeder (noch so kleinen) positiven Zahl ε ein $N_\varepsilon \in \mathbb{N}$ derart existiert, daß

$$|a_n| < \varepsilon \quad \text{für alle } n \in \mathbb{N} \text{ mit } n > N_\varepsilon.$$

Genau dann ist die Zahlenfolge $\langle a_n \rangle$ konvergent zum Grenzwert a, wenn $\langle a_n - a \rangle$ eine Nullfolge ist.

Beispiele für Nullfolgen sind $\left\langle \frac{1}{n} \right\rangle$, $\left\langle \left(\frac{2}{3}\right)^n \right\rangle$, $\left\langle \frac{n+1}{n^2-3} \right\rangle$, $\left\langle \frac{\lg n}{n} \right\rangle$.
Das Produkt aus einer Nullfolge und einer **beschränkten** Folge ist wieder eine Nullfolge.

Nullstelle

Nullstelle einer Funktion f nennt man eine Zahl $x^* \in D_f$ (**Definitionsmenge** von f) mit $f(x^*)=0$. Ist f stetig auf dem Intervall [a; b] und gilt $f(a)f(b)<0$, dann existiert eine Nullstelle von f in]a; b[(vgl. Nullstellensatz in 4.3). Zur näherungsweisen Berechnung von Nullstellen dienen das **Halbierungsverfahren** und das **Newtonsche Verfahren.** Oft benutzt man auch folgendes Verfahren, welches den Namen *Regula falsi* trägt: Die Funktion f sei stetig auf [a; b] und es sei $f(a)f(b)<0$. Dann sei

$$x_1 := a, \quad x_2 := b$$

und

$$x_3 := x_1 - f(x_1) \cdot \frac{x_2 - x_1}{f(x_2) - f(x_1)},$$

$$x_4 := \begin{cases} x_1, & \text{falls } f(x_1)f(x_3)<0, \\ x_2, & \text{falls } f(x_2)f(x_3)<0. \end{cases}$$

Ist $f(x_3)=0$, so ist x_3 schon die gesuchte Nullstelle. Andernfalls tritt genau einer der beiden Fälle

$$f(x_1)f(x_3)<0 \quad \text{oder} \quad f(x_2)f(x_3)<0$$

ein, falls f in]a; b[keinen Wendepunkt (vgl. 6.1) besitzt. Wir wollen also hier $f''(x) \neq 0$ in]a; b[voraussetzen. Wenden wir nun auf x_3, x_4 dasselbe Verfahren wie auf x_1, x_2 an und wiederholen dieses Vorgehen ständig, dann erhalten wir eine Intervallschachtelung (vgl. 1.2) für die gesuchte Nullstelle. Die folgende Abbildung macht deutlich, warum die Regula falsi auch *Sekantennäherungsverfahren* heißt.

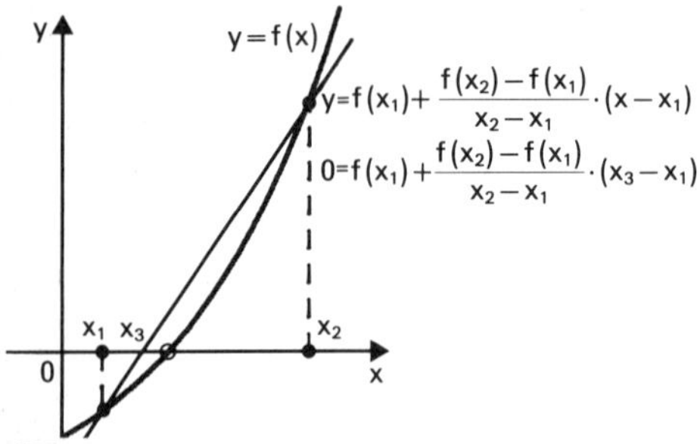

205

Eine Polynomfunktion von ungeradem Grad besitzt stets eine Nullstelle in ℝ (vgl. 4.3). Eine Polynomfunktion hat höchstens so viele Nullstellen wie der Grad des Polynoms beträgt. Besitzt die Polynomfunktion

$$x \mapsto x^n + a_{n-1}x^{n-1} + \ldots + a_1x + a_0$$

Nullstellen, dann liegen diese im Intervall $[-M; M]$, wobei

$$M = \max(1, |a_0| + |a_1| + \ldots + |a_{n-1}|).$$

O

orientierter Flächeninhalt

In der Integralrechnung (vgl. 7.1) ergeben sich Flächeninhalte mit positivem und mit negativem Vorzeichen.

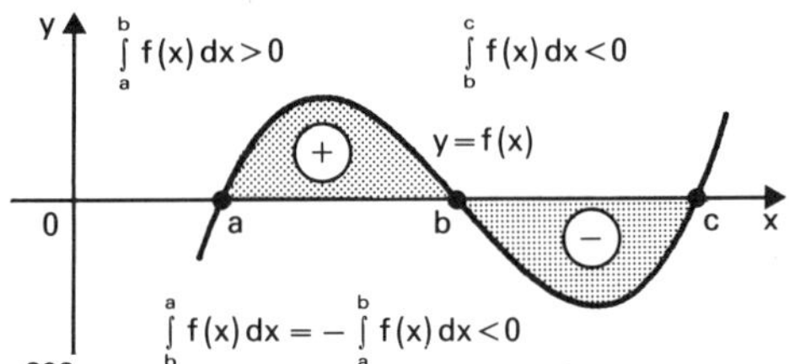

206

Durchläuft man das Integrationsintervall von der unteren zur oberen Grenze und anschließend die übrigen Begrenzungslinien der Fläche, so ergibt sich ein positiver Flächeninhalt, wenn die Fläche links von der Begrenzungskurve liegt, andernfalls ein negativer Flächeninhalt. Daraus ergibt sich allgemein der Begriff des orientierten Flächeninhalts.

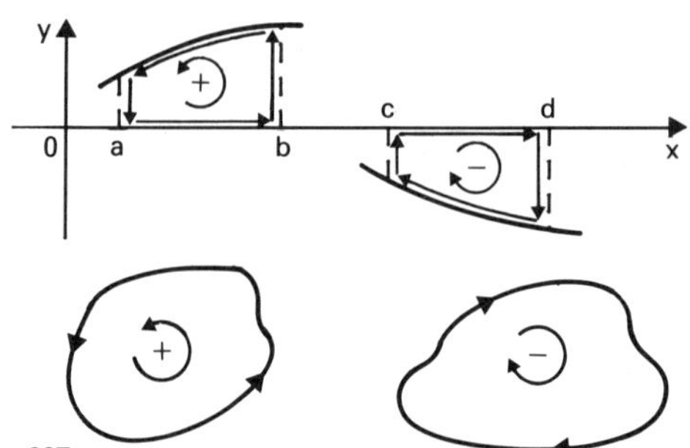

207

P

Polstelle

Polstelle oder kurz *Pol* einer Funktion f heißt eine Stelle $a \notin D_f$, wenn f in einer **Umgebung** von a mit Ausnahme der Stelle a definiert ist und es eine natürliche Zahl n derart gibt, daß

$$c := \lim_{x \to a} f(x)(x-a)^n$$

existiert und von Null verschieden ist. Man nennt dann a eine Polstelle der Ordnung n. Der Graph von f hat in diesem Fall an der Stelle a eine zur y-Achse parallele Asymptote (vgl. 6.1). Beispielsweise hat die rationale Funktion (vgl. 3.3)

$$x \mapsto \frac{x}{(x-2)(x+3)^2}$$

an der Stelle 2 einen Pol 1. Ordnung und an der Stelle −3 einen Pol 2. Ordnung. Die Funktion

$$f\colon x \mapsto \frac{1}{\sqrt{|x-1|}}$$

hat an der Stelle 1 eine **Definitionslücke.** Es gilt dort zwar

$$\lim_{x \to 1^+} f(x) = \lim_{x \to 1^-} f(x) = +\infty,$$

es liegt aber an der Stelle 1 keine Polstelle vor. Es gilt nämlich

$$\lim_{x \to 1} f(x)(x-1)^n = 0 \text{ für jedes } n \in \mathbb{N}.$$

Die Funktion

$f\colon x \mapsto \ln|x|$

hat an der Definitionslücke 0 keinen Pol, denn der Grenzwert $\lim\limits_{x \to 0} f(x)x^n$ existiert für kein $n \in \mathbb{N}$.

Polynom

Ein **Term** der Form

$$a_n x^n + a_{n-1} x^{n-1} + \ldots + a_2 x^2 + a_1 x + a_0$$

heißt ein *Polynom* in einer Variablen x. Sind die *Koeffizienten* $a_0, a_1, a_2, \ldots, a_n$ dabei reelle Zahlen, dann spricht man von einem Polynom *über* $\mathbb{R}$. Ist $a_n \neq 0$, dann heißt n der *Grad* des Polynoms. Polynome kann man addieren, multiplizieren und durcheinander (mit Rest) dividieren. Ist p(x) ein Polynom über $\mathbb{R}$, dann ist $x \mapsto p(x)$ eine *Polynomfunktion (ganzrationale Funktion).* Der Quotient zweier Polynomfunktionen ist eine rationale Funktion (vgl. 3.3).

Potenz

Potenzen mit reellen Exponenten werden folgendermaßen definiert:

$b^0 := 1, \quad b^1 := b,$

$b^{n+1} := b^n \cdot b \quad \text{für } n \in \mathbb{N}$

$b^{-n} := \left(\frac{1}{b}\right)^n \quad \text{für } n \in \mathbb{N}$

$b^{\frac{1}{n}} := a \Leftrightarrow b = a^n \quad \text{für } n \in \mathbb{N}$

$b^{\frac{m}{n}} := (b^m)^{\frac{1}{n}} = \left(b^{\frac{1}{n}}\right)^m \quad \text{für } m, n \in \mathbb{N}$

$b^r := \lim\limits_{n \to \infty} (b^{r_n}), \quad \text{falls} \quad \lim\limits_{n \to \infty} r_n = r$

$\qquad \text{und} \quad r_n \in \mathbb{Q} \quad \text{für alle } n \in \mathbb{N}.$

Die Basis b sei dabei eine *positive* Zahl. (Bei ganzzahligen Exponenten ist eine Potenz auch mit negativen Basen zu definieren.) Um die Potenz b^r mit einer irrationalen Zahl r zu definieren, muß man also r als Grenzwert einer Folge rationaler Zahlen darstellen.

Die Funktion $f\colon x \mapsto x^\alpha$ mit $\alpha \in \mathbb{R}$ und $D_f = \mathbb{R}^+$ heißt **Potenzfunktion.**

Die Funktion $f\colon x \mapsto q^x$ mit $q \in \mathbb{R}^+$ und $D_f = \mathbb{R}$ heißt Exponentialfunktion (vgl. 3.5).

Potenzfunktion

Für jedes $\alpha \in \mathbb{R}$ bezeichnet man die Funktion

$p_\alpha\colon x \mapsto x^\alpha$

als *Potenzfunktion.* Dabei ist

$D_{p_\alpha} = \mathbb{R}^+ := \{x \in \mathbb{R} \mid x > 0\}$.

Ist α eine natürliche Zahl, dann kann man als **Definitionsmenge** $\mathbb{R}$ wählen; ist α eine negative ganze Zahl, dann kann man als Definitionsmenge $\mathbb{R}\setminus\{0\}$ wählen. Für beliebiges positives α läßt sich die Definitionsmenge durch 0 ergänzen. Im allgemeinen besteht D_{p_α} aber nur aus den positiven reellen Zahlen.
Für Potenzfunktionen gelten folgende Rechenregeln (vgl. 3.2):

$$p_\alpha \cdot p_\beta = p_{\alpha+\beta},$$

$$p_\alpha \circ p_\beta = p_{\alpha \cdot \beta}.$$

Bezüglich der Multiplikation und der Verkettung bilden die Potenzfunktionen einen **Körper**, der zum Körper der **reellen Zahlen** isomorph (algebraisch gleichgestaltig) ist.

Potenzreihe

Eine **Reihe** der Form

$$a_0 + a_1 x + a_2 x^2 + \ldots = \sum_{i=0}^{\infty} a_i x^i$$

heißt eine *Potenzreihe;* die Koeffizienten $a_0, a_1, a_2, \ldots$ sind dabei reelle Zahlen.

Durch $f: x \mapsto \sum_{i=0}^{\infty} a_i x^i$ wird eine Funktion definiert; ihre Definitionsmenge besteht aus allen $x \in \mathbb{R}$, für welche die Potenzreihe konvergiert.

Potenzsummen

Summen der Form

$$1^k + 2^k + \ldots + n^k =: \sum_{i=1}^{n} i^k$$

heißen *Potenzsummen.* Häufig benötigt man *Summenformeln* für diese Summen. Für $k = 1, 2, 3$ gelten die Formeln

$$\sum_{i=1}^{n} i = \frac{n(n+1)}{2} \quad \text{(vgl. 2.1)}$$

$$\sum_{i=1}^{n} i^2 = \frac{n(n+1)(2n+1)}{6}$$

$$\sum_{i=1}^{n} i^3 = \frac{n^2(n+1)^2}{4}.$$

Eine Formel für $\sum_{i=1}^{n} i^k$ erhält man, wenn man eine solche für $\sum_{i=1}^{n} i^{k-1}, \sum_{i=1}^{n} i^{k-2}, \ldots$ kennt: Aus

$$(i+1)^{k+1} - i^{k+1}$$

$$= \binom{k+1}{1} i^k + \binom{k+1}{2} i^{k-1} + \ldots$$

(binomischer Lehrsatz) ergibt sich durch Summation auf beiden Seiten

$$(n+1)^{k+1} - 1$$

$$= (k+1) \sum_{i=1}^{n} i^k + \binom{k+1}{2} \sum_{i=1}^{n} i^{k-1} + \ldots$$

Aus

$$\int_0^n x^k dx < \sum_{i=1}^{n} i^k < \int_0^{n+1} x^k dx$$

ergibt sich die Abschätzung

$$\frac{n^{k+1}}{k+1} < \sum_{i=1}^{n} i^k < \frac{(n+1)^{k+1}}{k+1}.$$

R

rationale Zahlen

Die Zahlen der Form $\frac{u}{v}$ mit ganzen Zahlen u und v heißen rational; dabei darf der Nenner v nicht 0 sein. Rationale Zahlen haben eine abbrechende oder periodische **Dezimalbruchentwicklung.** Die reellen Zahlen enthalten neben den rationalen auch die **irrationalen Zahlen.** Spezielle rationale Zahlen sind die ganzen Zahlen; sie lassen sich in der Form $\frac{u}{1}$ darstellen.

reelle Zahlen

Der Körper der **rationalen Zahlen** ist nicht **vollständig,** d.h. nicht jede Intervallschachtelung (vgl. 1.2) in $\mathbb{Q}$ besitzt auch einen Kern in $\mathbb{Q}$. Dies ist der Grund für die Erweiterung des Körpers $\mathbb{Q}$ der rationalen Zahlen zum Körper $\mathbb{R}$ der reellen Zahlen. Entsprechend den verschiedenen Möglichkeiten, die Vollständigkeit des Körpers der reellen Zahlen zu definieren, gibt es auch verschiedene Möglichkeiten zur Konstruktion der reellen Zahlen. Am anschaulichsten ist die Konstruktion mit Hilfe von Intervallschachtelungen.

Reihe

Die Summenfolge einer Zahlenfolge $\langle a_n \rangle$ (vgl. 2.1), also die Folge $\langle s_n \rangle$ mit

$$s_n := a_1 + a_2 + \ldots + a_n = \sum_{i=1}^{n} a_i$$

nennt man die *Reihe* zur Summandenfolge $\langle a_n \rangle$. Ist $\langle s_n \rangle$ konvergent und gilt $\lim\limits_{n \to \infty} s_n = s$, dann schreibt man

$$\sum_{i=1}^{\infty} a_i = s.$$

Das Symbol $\sum\limits_{i=1}^{\infty} a_i$ benutzt man aber auch oft zur Bezeichnung der Reihe, also der Folge $\left\langle \sum\limits_{i=1}^{n} a_i \right\rangle$.

Ist die Reihe nicht konvergent, dann heißt sie *divergent.*

Manchmal ist es zweckmäßig, den Laufindex der Reihe schon bei 0 beginnen zu lassen, also die Reihe in der Form $\sum\limits_{i=0}^{\infty} a_i$ zu schreiben.

Die Summenfolge einer **arithmetischen Folge** ist eine *arithmetische Reihe.* Die Summenfolge einer **geometrischen Folge** ist eine *geometrische Reihe.*

Für *Reihen mit positiven Summanden* erhält man aus dem Vergleichskriterium für Folgen **(Konvergenzkriterien)**: Gilt $0 \leq a_i \leq b_i$ für alle $i \in \mathbb{N}$, dann folgt aus der Konvergenz von $\sum\limits_{i=1}^{\infty} b_i$ die Konvergenz von $\sum\limits_{i=1}^{\infty} a_i$ *(Majorantenkriterium)* und aus der Divergenz von $\sum\limits_{i=1}^{\infty} a_i$ die Divergenz von $\sum\limits_{i=1}^{\infty} b_i$ *(Minorantenkriterium).*

Durch Vergleich mit der geometrischen Reihe ergeben sich für Reihen mit positiven Summanden folgende hinreichende Konvergenzkriterien:

Quotientenkriterium: Gibt es eine Zahl q mit $0 < q < 1$ und $\frac{a_{n+1}}{a_n} \leq q$ für alle $n \in \mathbb{N}$, dann ist die Reihe $\sum\limits_{i=1}^{\infty} a_i$ konvergent.

Wurzelkriterium: Gibt es eine Zahl q mit $0 < q < 1$ und $\sqrt[n]{a_n} \leq q$ für alle $n \in \mathbb{N}$, dann ist die Reihe $\sum\limits_{i=1}^{\infty} a_i$ konvergent.

Eine Reihe ist natürlich auch dann konvergent, wenn die Bedingung dieser Kriterien erst ab einem bestimmten Index n_0 erfüllt sind. Denn endlich viele Summanden können das Konvergenzverhalten einer Reihe nicht verändern, sie haben lediglich Einfluß auf den Grenzwert, falls dieser existiert.

Das Quotientenkriterium und das Wurzelkriterium sind hinreichende, aber nicht notwendige Konvergenzkriterien: Die

Reihe $\sum_{i=1}^{\infty} \frac{1}{i^2}$ konvergiert (vgl. 2.3), obwohl keines der beiden Kriterien erfüllt ist.
Die *harmonische Reihe*

$$\sum_{i=1}^{\infty} \frac{1}{i} = 1 + \frac{1}{2} + \frac{1}{3} + \frac{1}{4} + \ldots$$

ist divergent. Dies kann man z. B. durch Vergleich mit dem Integral über die Funktion $x \mapsto \frac{1}{x}$ beweisen, da die Funktion $\ln: x \mapsto \int_1^x \frac{1}{t}\,dt$ unbeschränkt wächst **(Logarithmus).** Dieser Zusammenhang ist in der folgenden Abbildung angedeutet.

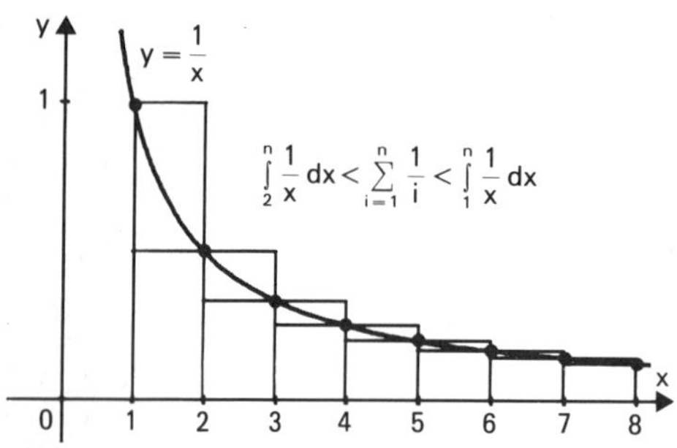

208

rekursive Folge

Eine Folge $\langle a_n \rangle$ (vgl. 2.1), bei welcher das n-te Glied gemäß einer *Rekursionsvorschrift (Rekursion)* aus den vorangehenden Gliedern berechnet wird, heißt *rekursive Folge* oder besser *rekursiv definierte Folge.* Die Eigenschaft „rekursiv" betrifft also nicht die Folge, sondern die Art ihrer Definition.
Durch $a_0 := 1$ und

$$a_n := \frac{1}{2} a_{n-1} + \frac{1}{a_{n-1}} \quad \text{für } n \in \mathbb{N}$$

ist eine Folge mit dem Grenzwert $\sqrt{2}$ definiert **(Heronsches Verfahren, Iterationsverfahren).**
Durch $a_0 = a_1 = 1$ und

$$a_n = a_{n-1} + a_{n-2} \quad \text{für } n \in \mathbb{N}$$

wird die *Folge der Fibonacci-Zahlen* definiert (vgl. 2.1).
Arithmetische Folgen werden rekursiv durch $a_0 := a$ und $a_n := a_{n-1} + d$ $(n \in \mathbb{N})$ definiert. **Geometrische Folgen** kann man analog durch $a_0 := a$ und $a_n := a_{n-1} \cdot q$ $(n \in \mathbb{N})$ definieren.

Riemannsche Summen

(nach B. Riemann, 1826–1866). Auf dem Intervall $[a; b]$ sei eine beschränkte Funktion f definiert, ferner sei $Z = \{x_1, x_2, \ldots, x_{n-1}\}$ eine Zerlegung von $[a; b]$, also

$$a = x_0 < x_1 < x_2 < \ldots < x_{n-1} < x_n = b.$$

Weiterhin sei $u_i \in [x_{i-1}; x_i]$ $(i = 1, 2, \ldots, n)$ und $U = (u_1, u_2, \ldots, u_n)$. Dann heißt die Summe

$$S(f; Z, U) := \sum_{i=1}^{n} f(u_i)(x_i - x_{i-1})$$

die *Riemannsche Summe* von f über $[a; b]$ zur Zerlegung Z und zum Zwischenpunkttupel U.
Man kann den Begriff der Riemannschen Summe auch zur Definition des Integrals verwenden.

Rolle, Satz von

Nach M. Rolle (1652–1719) ist folgender Satz benannt: Die Funktion f sei stetig auf $[a; b]$ und differenzierbar auf $]a; b[$, und es gelte $f(a) = f(b)$. Dann gibt es wenigstens eine Stelle $\xi \in]a; b[$ mit $f'(\xi) = 0$ (vgl. Abb. 209).
Aus dem Satz von Rolle gewinnt man den **Mittelwertsatz** der Differentialrechnung.
Der Beweis des Satzes von Rolle beruht

auf folgendem Satz: Ist f: $[a; b] \to \mathbb{R}$ differenzierbar an der Stelle $x_0 \in]a; b[$ und hat f an der Stelle x_0 ein lokales Extremum (vgl. 6.1), dann ist $f'(x_0) = 0$.

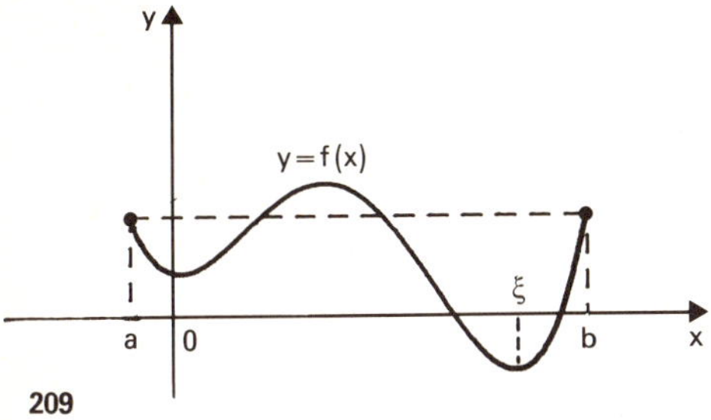

209

S

Sprungstelle

Eine **Unstetigkeitsstelle** x_0 einer Funktion f heißt eine *Sprungstelle,* wenn die **einseitigen Grenzwerte**

$$u := \lim_{x \to x_0^-} f(x) \quad \text{und} \quad v := \lim_{x \to x_0^+} f(x)$$

existieren und verschieden sind.

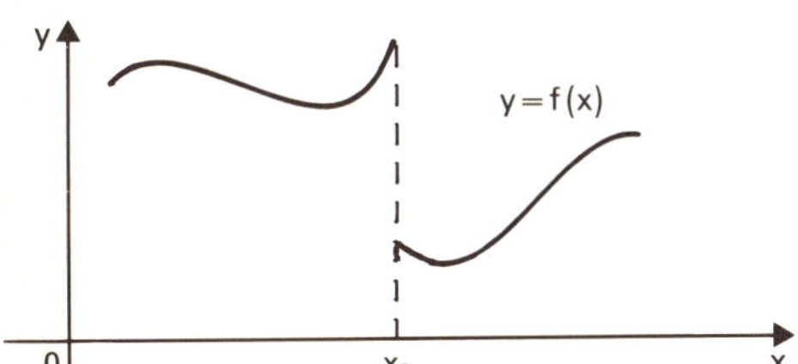

210

stetig differenzierbar

Ist die Funktion f auf einem Intervall I differenzierbar und ist die Ableitungsfunktion f′ an der Stelle $x_0 \in I$ stetig, dann heißt f an der Stelle x_0 *stetig differenzierbar* (vgl. 5.3).

Struktursätze

Struktursätze besagen allgemein, welche Eigenschaften von Folgen und Funktionen auf Summen, Produkte, Quotienten, ... von Folgen und Funktionen zu übertragen sind. Beispiele hierfür sind die Grenzwertsätze für Folgen (vgl. 2.3), analoge Grenzwertsätze für Funktionen, die Struktursätze für stetige Funktionen (vgl. 4.3), die Ableitungsregeln (vgl. 5.4) und entsprechenden Integrationsregeln (vgl. 7.3).

Beispiele:

a) Wenn die Grenzwerte $\lim_{x \to x_0} f(x)$ und $\lim_{x \to x_0} g(x)$ existieren, dann existiert auch $\lim_{x \to x_0} (f(x) + g(x))$ und es gilt:

$$\lim_{x \to x_0} (f(x) + g(x)) = \lim_{x \to x_0} f(x) + \lim_{x \to x_0} g(x).$$

b) Wenn f und g an der Stelle x_0 differenzierbar sind, dann ist auch f+g an der Stelle x_0 differenzierbar und es gilt:

$$(f+g)'(x_0) = f'(x_0) + g'(x_0).$$

c) Wenn f und g auf [a; b] integrierbar sind, dann ist auch f+g auf [a; b] integrierbar und es gilt:

$$\int_a^b (f+g)(x)\,dx = \int_a^b f(x)\,dx + \int_a^b g(x)\,dx.$$

Summenzeichen

Für die Summe mehrerer Zahlen verwendet man das *Summenzeichen* $\sum$ (griechischer Großbuchstabe Sigma), besonders wenn es sich um die Summe der Glieder einer Folge handelt:

$$a_1 + a_2 + \ldots + a_n =: \sum_{i=1}^{n} a_i.$$

Beispielsweise ist

$$\sum_{i=1}^{n} i^3 = 1^3 + 2^3 + 3^3 + \ldots + n^3,$$

$$\sum_{i=1}^{n} \frac{1}{i} = 1 + \frac{1}{2} + \frac{1}{3} + \ldots + \frac{1}{n}.$$

Das Summenzeichen wird auch mit anderen Summationsvorschriften verwendet, z.B. ist $\sum_{i \in I} a_i$ die Summe der a_i, deren Index i zur Indexmenge I gehört. Ferner ist $\sum_{\omega \in E} P(\omega)$ die Summe aller Werte $P(\omega)$, für welche ω zu der Menge E gehört.

Supremum

Die kleinste obere Schranke einer nach oben beschränkten Menge M reeller Zahlen nennt man *obere Grenze* von M oder *Supremum* von M und bezeichnet dies mit sup M. Weiterhin vgl. **Infimum.**

Symmetrie

Der Graph der Funktion f ist

achsensymmetrisch zur y-Achse, wenn $f(-x) = f(x)$ für alle $x \in D_f$;

punktsymmetrisch zum Ursprung, wenn $f(-x) = -f(x)$ für alle $x \in D_f$.

Im ersten Fall spricht man von einer *geraden* Funktion, im zweiten Fall von einer *ungeraden* Funktion. Die Kosinusfunktion ist gerade, die Sinusfunktion ist ungerade.
Der Graph der Funktion f ist

achsensymmetrisch zu der Parallelen zur y-Achse mit der Gleichung $x = a$, wenn $f(2a - x) = f(x)$ für alle $x \in D_f$ (Abb. 211);

punktsymmetrisch zum Punkt (a|b), wenn $f(2a - x) = 2b - f(x)$ für alle $x \in D_f$ (Abb. 212).

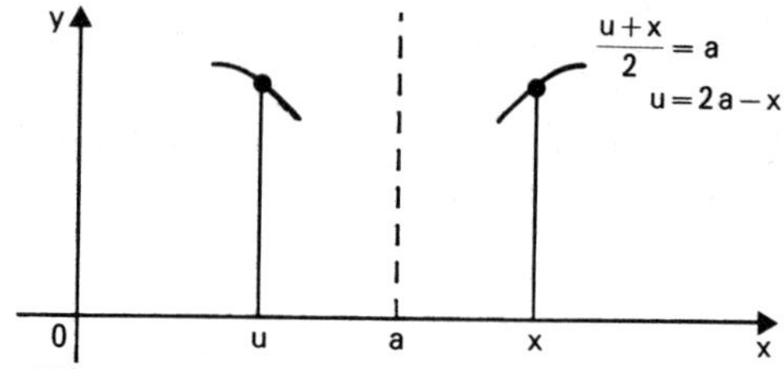

211

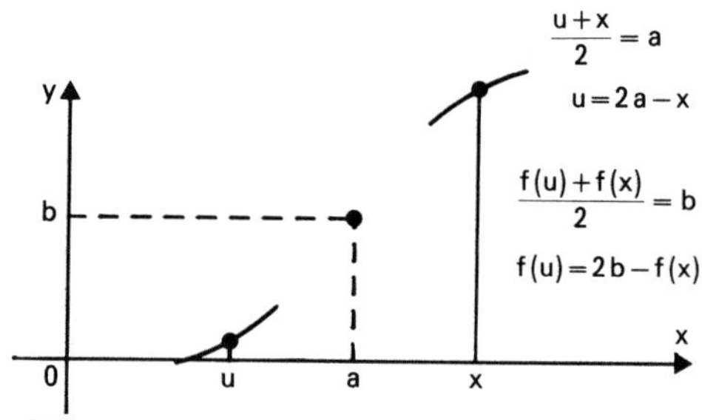

212

T

Term

Ein aus Zahlen, Variablen und Rechenzeichen (+, −, ·, :, $\sqrt{\ }$ usw.) aufgebauter Ausdruck heißt ein *Term,* wenn er bei Einsetzen von Zahlen aus einer gegebenen Grundmenge G und Ausführen der Rechenoperationen zu einer Zahl führt. Die größtmögliche Grundmenge G heißt die *Definitionsmenge* des Terms. Beispielsweise ist die Definitionsmenge des Terms

$$\sqrt{3-x} + \sqrt{3+x}$$

das Intervall $[-3; 3]$. Funktionen sind häufig mit Hilfe von Termen definiert (vgl. 3.1). Die größtmögliche **Definitionsmenge** der Funktion f ist dann die Definitionsmenge des Funktionsterms f(x).

Treppenfunktion

Eine stückweise konstante Funktion heißt *Treppenfunktion.* Eine solche Funktion f auf einem Intervall [a; b] ist also etwa folgendermaßen definiert: Es gibt eine Zerlegung von [a; b] mit Zerlegungspunkten $x_1, x_2, \ldots, x_{n-1}$, also

$$a = x_0 < x_1 < x_2 < \ldots < x_{n-1} < x_n = b$$

und reelle Zahlen

$$c_1, c_2, \ldots, c_n \quad \text{und} \quad d_1, d_2, \ldots, d_n$$

mit

$$f(x) = c_k \quad \text{für} \quad x_{k-1} < x < x_k$$

und

$$f(x_k) = d_k.$$

Bei den meisten in mathematischen Zusammenhängen vorkommenden Treppenfunktionen ist $d_k = c_k$ oder $d_k = c_{k+1}$, an den **Sprungstellen** nimmt f also den Wert der linken oder der rechten Treppenstufe an. Treppenfunktionen sind oft auch auf unendlichen Intervallen definiert wie z. B. die **Ganzteilfunktion.**
In der Integralrechnung (vgl. 7.1) benutzt man Treppenfunktionen zur Approximation der zu integrierenden Funktionen.

Trigonometrie

In dem rechtwinkligen Dreieck (vgl. Abb. 213) definiert man folgende Größen:

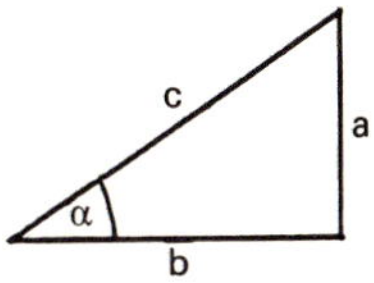

213

$$\sin\alpha := \frac{a}{c} = \frac{\text{Gegenkathete}}{\text{Hypotenuse}}$$

$$\cos\alpha := \frac{b}{c} = \frac{\text{Ankathete}}{\text{Hypotenuse}}$$

$$\tan\alpha := \frac{a}{b} = \frac{\text{Gegenkathete}}{\text{Ankathete}}$$

$$\cot\alpha := \frac{b}{a} = \frac{\text{Ankathete}}{\text{Gegenkathete}}$$

(Sinus, Kosinus, Tangens bzw. Kotangens des Winkels α).
Anhand des Einheitskreises verallgemeinert man diese Definition auf beliebige (positive oder negative) Winkel: Entsteht der Punkt P aus dem Punkt (1; 0) durch Drehen um O um den Winkel α, dann ist $P = (\cos\alpha; \sin\alpha)$.

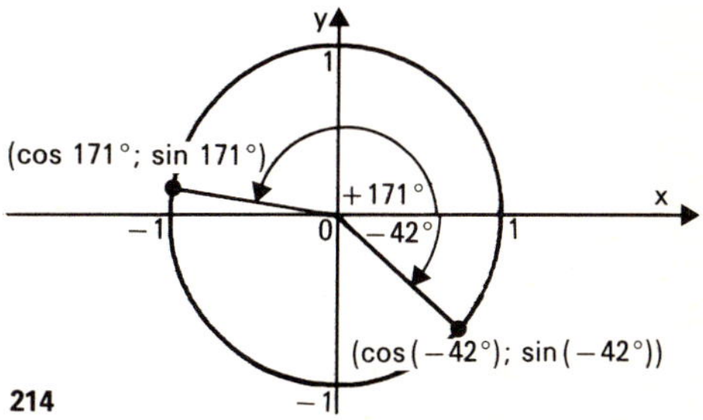

214

Aufgrund der Beziehung

$$\sin^2\alpha + \cos^2\alpha = 1$$

kann man jede der Größen $\sin\alpha$, $\cos\alpha$, $\tan\alpha$, $\cot\alpha$ durch jede andere ausdrücken. Ferner gelten folgende Beziehungen:

$$\sin(90° - \alpha) = \cos\alpha$$

$$\cos(90° - \alpha) = \sin\alpha$$

$$\tan(90° - \alpha) = \cot\alpha$$

$$\cot(90° - \alpha) = \tan\alpha$$

Mit Hilfe der Dreiecke in folgenden Abbildungen ergeben sich die in der Tabelle angegebenen Werte für Winkel der Größe 30°, 45°, 60°.

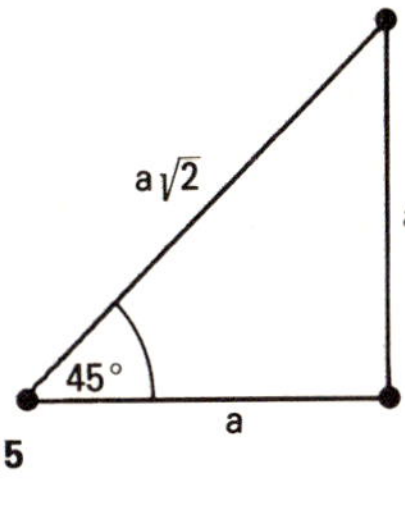

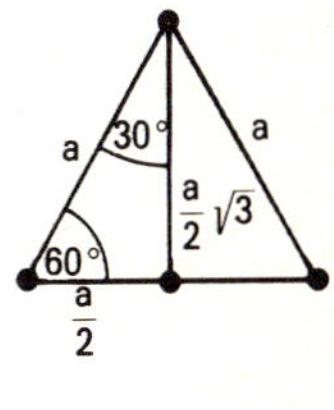

215

	0°	30°	45°	60°	90°
sin	0	$\frac{1}{2}$	$\frac{1}{2}\sqrt{2}$	$\frac{1}{2}\sqrt{3}$	1
cos	1	$\frac{1}{2}\sqrt{3}$	$\frac{1}{2}\sqrt{2}$	$\frac{1}{2}$	0
tan	0	$\frac{1}{3}\sqrt{3}$	1	$\sqrt{3}$	—

Am Einheitskreis gewinnt man leicht weitere Beziehungen, z. B.

$\cos(90°+\alpha) = -\sin\alpha$

$\sin(180°-\alpha) = \sin\alpha$

$\sin(180°+\alpha) = -\sin\alpha$

$\tan(270°-\alpha) = \cot\alpha$

Ferner gilt für alle $n \in \mathbb{Z}$

$\sin(\alpha+n\cdot 360°) = \sin\alpha$

$\cos(\alpha+n\cdot 360°) = \cos\alpha$

$\tan(\alpha+n\cdot 180°) = \tan\alpha$

Beim Rechnen mit trigonometrischen Funktionen (vgl. 3.6) sind häufig die **Additionstheoreme** notwendig.

U

Überlagerung

Die Addition von Funktionen (vgl. 3.2) bezeichnet man auch als ihre *Überlagerung.*

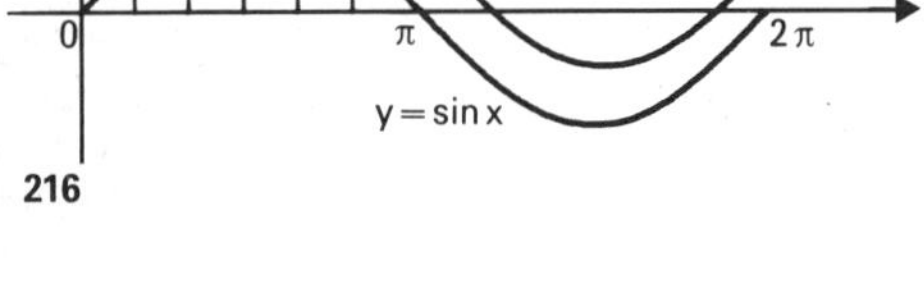

216

In Abbildung 216 ist die Überlagerung der Sinusfunktion mit der Funktion $x \mapsto \frac{3}{1+x}$ über $[0; 2\pi]$ dargestellt.

Umgebung

Ist $x \in \mathbb{R}$ und $\varepsilon > 0$, dann nennt man das offene Intervall

$]x-\varepsilon; x+\varepsilon[$

eine *ε-Umgebung* von x; dafür benutzt man die Schreibweise $U_\varepsilon(x)$. Eine Teilmenge $U \subseteq \mathbb{R}$ heißt eine *Umgebung* von x, wenn sie eine ε-Umgebung von x enthält, wenn also ein $\varepsilon > 0$ existiert mit $U_\varepsilon(x) \subseteq U$. Umgebungen von x bezeichnet man auch meist mit $U(x)$.

Umkehrfunktion

Eine **bijektive Abbildung** $f: A \to B$ ist umkehrbar, d. h. zu jedem $b \in B$ gibt es genau ein $a \in A$ mit $f(a) = b$. Man schreibt dann $a = f^{-1}(b)$ und nennt die so definierte Abbildung $f^{-1}: B \to A$ die *Umkehrabbildung* von f. Im folgenden seien A und B Mengen reeller Zahlen; dann nennt man f eine Funktion und f^{-1} ihre *Umkehrfunktion* (vgl. 3.2). Es gilt

$f^{-1}(f(x)) = x$ für alle $x \in A$,

$f(f^{-1}(x)) = x$ für alle $x \in B$.

Die Graphen von f und f^{-1} im kartesischen Koordinatensystem sind achsensymmetrisch zu der Geraden mit der Gleichung $y = x$ (Winkelhalbierende des 1. Quadranten).
Ist $f: [a; b] \to [c; d]$ umkehrbar und stetig (vgl. 4.3) auf $[a; b]$, dann ist auch die Umkehrfunktion $f^{-1}: [c; d] \to [a; b]$ stetig auf $[c; d]$. Ist f differenzierbar auf $]a; b[$ und ist $f'(x) \neq 0$ für alle $x \in]a; b[$, dann ist auch

f^{-1} differenzierbar auf]c; d[und es gilt (vgl. 5.4)

$$(f^{-1}(x))' = \frac{1}{f'(f^{-1}(x))}.$$

Eine streng monotone Funktion ist stets umkehrbar. Ist f auf dem Intervall I differenzierbar und gilt $f'(x) \neq 0$ für alle $x \in I$, dann ist f auf I umkehrbar.
Die Umkehrfunktion der **Potenzfunktion** $p_\alpha: x \mapsto x^\alpha$ ($\alpha \in \mathbb{R}$, $D_{p_\alpha} = \mathbb{R}^+$) ist die Potenzfunktion $p_{\frac{1}{\alpha}}$. Die Umkehrfunktion der Exponentialfunktion $x \mapsto q^x$ ist die Logarithmusfunktion $x \mapsto \log_q x$ (vgl. 3.5). Die trigonometrischen Funktionen (vgl. 3.6) sind auf gewissen Intervallen umkehrbar; ihre Umkehrfunktionen sind die *Arkusfunktionen.*

Ungleichungen

Durch geeignete Äquivalenzumformungen lassen sich Ungleichungen mit einer reellen Variablen meist in die Form $f(x) > 0$ oder $f(x) \geq 0$ bringen. Ist die Funktion $x \mapsto f(x)$ stetig, dann besteht die Lösungsmenge der Ungleichungen aus offenen oder abgeschlossenen Intervallen (beschränkt oder unbeschränkt), wobei die Endpunkte dieser Intervalle Nullstellen von f sind. Es ist also zweckmäßig, zunächst die Nullstellen von f zu bestimmen und dann das Vorzeichen von f zwischen den Nullstellen zu prüfen. Ist f differenzierbar, dann führt auch oft folgende Methode zur Lösungsmenge: Ist $f(a) > 0$ und $f'(x) \geq 0$ auf]a; b[, dann ist $f(x) > 0$ auf [a; b].

Unstetigkeitsstellen

Eine **Sprungstelle** einer Funktion f heißt eine *Unstetigkeitsstelle 1. Art.* Jede andere Unstetigkeitsstelle heißt *Unstetigkeitsstelle 2. Art.* Die Funktion

$$f: x \mapsto \begin{cases} \sin\frac{1}{x} & \text{für } x \neq 0 \\ 0 & \text{für } x = 0 \end{cases}$$

hat an der Stelle 0 eine Unstetigkeit 2. Art, denn die einseitigen Grenzwerte

$$\lim_{x \to 0^-} f(x) \quad \text{und} \quad \lim_{x \to 0^+} f(x)$$

existieren nicht.

V

vollständig

Der angeordnete Körper der reellen Zahlen unterscheidet sich von dem der rationalen Zahlen durch eine Eigenschaft, die man *Vollständigkeit* nennt und für die es viele zueinander gleichwertige Formulierungen gibt.
Im folgenden werden einige Eigenschaften des Körpers der reellen Zahlen aufgeführt, welche alle seine Vollständigkeit zum Ausdruck bringen.

I. Jede Intervallschachtelung in $\mathbb{R}$ besitzt einen Kern in $\mathbb{R}$ **(Intervallschachtelungsaxiom).**

II. Jede monoton wachsende nach oben **beschränkte** Folge reeller Zahlen besitzt einen Grenzwert *(Hauptsatz über monotone Folgen).*

III. Eine Folge $\langle a_n \rangle$ ist konvergent, wenn für jedes $\varepsilon > 0$ ein $N_\varepsilon \in \mathbb{N}$ existiert, so daß $|a_m - a_n| < \varepsilon$ für alle $m, n \in \mathbb{N}$ mit $m, n > N_\varepsilon$ (*Cauchysches* **Konvergenzkriterium**).

IV. Jede nichtleere nach oben beschränkte Teilmenge von $\mathbb{R}$ besitzt ein **Supremum** *(Supremumseigenschaft).*

V. Jede unendliche beschränkte Teilmenge von $\mathbb{R}$ besitzt einen Häufungspunkt *(Satz von Bolzano-Weierstraß).*

VI. Es gibt keine Zerlegung von $\mathbb{R}$ in zwei offene Mengen *(Zusammenhangseigenschaft).*

VII. Eine stetige Funktion auf einem Intervall nimmt jeden Zwischenwert an (*Zwischenwertsatz,* vgl. 4.3).

W

Wertemenge

Bei einer Funktion f mit der **Definitionsmenge** D_f nennt man die Menge

$\{f(x) \mid x \in D_f\}$

die *Wertemenge* oder die *Bildmenge* und benutzt dafür die Bezeichnungen W_f oder B_f. Ist T eine Teilmenge von D_f, dann nennt man die Menge

$f(T) := \{y \in W_f \mid \text{es gibt ein } x \in T \text{ mit } y = f(x)\}$

das *Bild,* die *Bildmenge* oder auch die *Wertemenge* von T unter f.

Index